# Einführung in die Schaltgerätetechnik

Von

## Dr. Erwin Pawelka

Wien

Mit 155 Textabbildungen

1965

Springer-Verlag

Wien · New York

ISBN-13: 978-3-211-80728-6    e-ISBN-13: 978-3-7091-7931-4
DOI: 10.1007/978-3-7091-7931-4

Alle Rechte, insbesondere das der Übersetzung
in fremde Sprachen vorbehalten.

Ohne ausdrückliche Genehmigung des Verlages
ist es auch nicht gestattet, dieses Buch oder Teile daraus
auf photomechanischem Wege (Photokopie, Mikrokopie)
oder sonstwie zu vervielfältigen.

Titel Nr. 9146

# Vorwort

Da wenig zusammenfassende Literatur über Schaltgeräte vorhanden ist und diese auch heute noch an vielen Technischen Schulen nicht oder unzulänglich behandelt werden, habe ich den Inhalt der Pflichtvorlesungen über Schaltgeräte, die ich an den Technischen Hochschulen in Wien und Graz für die Studierenden der Starkstromtechnik halte, in vorliegendem Buch niedergelegt. Dem entspricht, daß es keine neuen Erkenntnisse bringt, sondern ein kurzes, schlichtes Lehrbuch ist, welches manche Dinge vereinfacht bringt. Die einzelnen Gerätearten könnten nur in einem weitaus umfangreicheren Buch systematisch behandelt werden. Dadurch, daß deren gemeinsame Grundfragen und Bauelemente hier dargestellt sind, hoffe ich eine einigermaßen geschlossene und dabei kurze Einführung zu geben. Das Buch ist, auch bezüglich Stoffauswahl, von meiner vielfältigen Konstruktions- und Entwicklungstätigkeit beeinflußt; sie erstreckte sich jedoch nicht auf Hochspannungs-Leistungsschalter. Auf Vorschriften und Normen ist nicht eingegangen; im Verhältnis zum darin geoffenbarten physikalisch-technischen Wissen belasten sie den Studierenden zu stark, und dem Berufsausübenden stehen ohnedies die kompletten Vorschriften- und Normenwerke zur Verfügung.

Die Gleichungen sind innerhalb jedes mit Ziffer und Großbuchstaben bezeichneten Abschnitts von eins an numeriert. Ziffer und Großbuchstabe sind weggelassen, wenn in einem Abschnitt auf eine zu ihm selbst gehörende Gleichung verwiesen ist.

Für die Mithilfe bei einem Teil der Abbildungen danke ich Herrn Dipl.-Ing. E. Schindler herzlich, ebenso dem Springer-Verlag Wien für die ausgezeichnete verlegerische Arbeit

Wien, im März 1965.

**E. Pawelka**

# Inhaltsverzeichnis

# I. Allgemeines

## A. Thermische Fragen

Thermische Fragen sind für den Schaltgerätebau von Bedeutung, weil viele Isolierstoffe nur mäßige Temperaturen vertragen, Kontakte bei Hitze die Betriebssicherheit verlieren, die Wärmeentwicklung im Kurzschlußfall nicht zur Entfestigung führen darf usw.

### a) Erwärmung und Abkühlung von Körpern jederzeit einheitlicher Temperatur

Der zeitliche Temperaturverlauf ist einfach rechnerisch zu bestimmen, wenn jederzeit mit räumlich einheitlicher Temperatur des Körpers gerechnet werden darf. Das trifft um so besser zu, je gedrungener und wärmeleitfähiger der Körper ist; ferner ist maßgebend die Verteilung der Wärmequellen und der wärmeaustauschenden Oberflächen. Man wendet die folgenden Gesetze auch an, wenn die genannten Voraussetzungen weniger gut zutreffen, etwa bei einer radial starken Spule, in welcher die Räume zwischen den Drähten schlecht wärmeleitend sind. $t$ .... Zeit, $\vartheta$ .... Temperatur des Körpers gegenüber der umgebenden Luft bzw. Flüssigkeit, die sogenannte Erwärmung, auch Übertemperatur genannt. $P$ .... im Körper je Zeiteinheit entwickelte Wärmemenge (Wärmeleistung, meist Joulesche Wärme). $C$ .... Wärmekapazität des Körpers (spez. Wärme mal Gewicht), also die Wärmemenge, die nötig ist, um seine Temperatur um ein Grad zu erhöhen.

Ein Körper, der wärmer (kälter) ist als seine Umgebung, gibt Wärme ab (nimmt Wärme auf), und zwar durch Leitung und Konvektion im umgebenden Medium und durch Strahlung. Diese Wärmeabgabe ist proportional ihrer Dauer, der wärmeaustauschenden Oberfläche $O$ und für Verhältnisse des Schaltgerätebaus auch proportional $\vartheta$. Wohl sind bei der Wärmestrahlung die vierten Potenzen der Kelvintemperatur maßgebend; da die auftretenden Werte von $\vartheta$ aber verhältnismäßig klein gegen die Kelvintemperatur der Umgebung sind, kann der gesamte Wärmeaustausch genau genug proportional $\vartheta$ gesetzt werden. In diesem Sinn ist $\alpha$ .... Wärmeübergangszahl, die in der Zeiteinheit von der Oberflächeneinheit bei ein Grad Temperaturunterschied gegenüber der umgebenden Luft bzw. Flüssigkeit ausgetauschte Wärmemenge. $\alpha$ (ohne den Strahlungsanteil) ist bekanntlich von der relativen Strömungsgeschwindigkeit des Mediums abhängig, aber auch von anderen Umständen. Der Zusammenhang führt über dimensionslose Kennzahlen und ist kompliziert, wenn die Strömung durch thermischen Auftrieb getrieben wird.

Der Überschuß der entwickelten Wärme gegenüber der abgegebenen speichert sich im Körper, seine Temperatur erhöhend. Diese Betrachtung für das Zeitelement $dt$ ergibt den Ansatz $P\,dt - O\alpha\vartheta\,dt = C\,d\vartheta$ oder $\dfrac{d\vartheta}{dt} + \dfrac{O\alpha}{C}\vartheta = \dfrac{P}{C}$. Das Integral davon mit der Integrationskonstanten $K$ lautet $\vartheta = \dfrac{P}{O\alpha} + K e^{-\frac{O\alpha}{C}t}$. $\vartheta$ strebt also asymptotisch dem Beharrungswert

$$\vartheta_B = \frac{P}{O\alpha} \tag{1}$$

zu; er ist erreicht, wenn je Zeiteinheit soviel Wärme entwickelt als abgegeben wird.

$$\frac{C}{O\alpha} = \tau \tag{2}$$

hat die Dimension Zeit und heißt thermische Zeitkonstante. Die thermischen Zeitkonstanten geometrisch ähnlicher Körper verhalten sich bei gleichem $\alpha$ wie die linearen Körpergrößen. Mit Gl. (1) und (2) schreibt sich obiges Integral $\vartheta = \vartheta_B + K e^{-t/\tau}$. Die Übertemperatur für $t = 0$ soll $\vartheta_0$ heißen; das erlaubt die Integrationskonstante $K$ zu bestimmen, und man erhält

$$\vartheta_B - \vartheta = (\vartheta_B - \vartheta_0) e^{-t/\tau}. \tag{3}$$

Das heißt: *Die Unterschiede gegen die Beharrungstemperatur schwinden exponentiell mit der Zeit.* Die Abkühlung ist ebenso durch Gl. (3) erfaßt. Wie leicht zu beweisen, ist bekanntlich bei der Erwärmungs- und bei der Abkühlungslinie die Subtangente auf die Gerade (Asymptote) $\vartheta = \vartheta_B$ gleich $\tau$.

Häufig arbeiten Schaltgeräte im Aussetzbetrieb. Er ist gekennzeichnet durch fortwährenden Wechsel von Zeitabschnitten $t_e$ mit Wärmeleistung mit Zeitabschnitten $t_a$ ohne Wärmeleistung. Während $t_e$ erwärmt sich der Körper, während $t_a$ kühlt er ab. Es heißt $t_e + t_a = t_s$ die Spieldauer, $t_e : t_s = \varepsilon$ die relative Einschaltdauer. Nach einer größeren Anzahl von Spielen unterscheiden sie sich nicht voneinander, die Temperaturen zu Beginn und am Ende des Spieles sind einander gleich geworden. Die höchste Erwärmung $\vartheta_{max}$ während des Spieles, s. Abb. 1, ist natürlich kleiner als die Beharrungserwärmung $\vartheta_B$ und darf die höchstzulässige nicht überschreiten. Die Anwendung von Gl. (3) auf Abb. 1 ergibt die folgenden Ansätze:

Erwärmung .... $\vartheta_B - \vartheta_{max} = (\vartheta_B - \vartheta_{min}) e^{-t_e/\tau}$

Abkühlung .... $\vartheta_{min} = \vartheta_{max} e^{-t_a/\tau}$

Die Auflösung des Gleichungspaares nach $\vartheta_{max}$, $\vartheta_{min}$ gibt

$$\vartheta_{max} = \vartheta_B \frac{1 - e^{-\varepsilon t_s/\tau}}{1 - e^{-t_s/\tau}}, \qquad \vartheta_{min} = \vartheta_B \frac{e^{-(1-\varepsilon)t_s/\tau} - e^{-t_s/\tau}}{1 - e^{-t_s/\tau}}.$$

Man kann nachweisen: wenn $t_s/\tau$ klein wird, wird $\vartheta_{max} - \vartheta_{min}$ klein von höherer Ordnung; es kann somit die Temperaturschwankung innerhalb des Spieles vernachlässigt werden, wenn die Spieldauer kurz ist im Verhältnis zur thermischen Zeitkonstante, was oft zutrifft. Dann kann man die höchste Erwärmung gleich der mittleren $\vartheta_m$ setzen, die aus der Überlegung folgt, daß die während $t_s$ abgeführte Wärmemenge $O\,\alpha\,\vartheta_m t_s$ gleich der Summe der in den einzelnen Zeitabschnitten des Spiels erzeugten Wärmemengen ist.

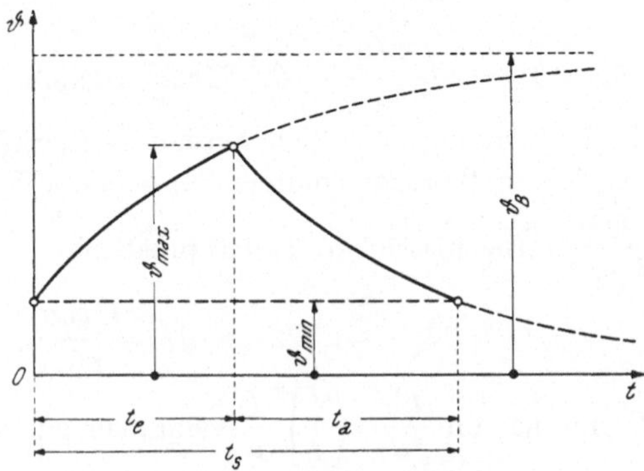

Abb. 1. Aussetzbetrieb

Man kann dann beliebig komplizierte Spiele verfolgen. Treten während der Zeiten $t_1, t_2 \ldots t_n$ die Wärmeleistungen $P_1, P_2 \ldots P_n$ auf, so ist

$$O\,\alpha\,\vartheta_m(t_1 + t_2 + \ldots t_n) = P_1 t_1 + P_2 t_2 + \ldots P_n t_n,$$

$$\vartheta_m = \frac{P_1 t_1 + P_2 t_2 + \ldots P_n t_n}{O\,\alpha(t_1 + t_2 + \ldots t_n)}. \tag{4}$$

Bei Erwärmung durch Strom, der in den Zeitabschnitten $t_1$ bis $t_n$ die Werte $I_1$ bis $I_n$ hat, ist $P_1$ bis $P_n$ proportional den Quadraten von $I_1$ bis $I_n$. Daher ist nach Gl. (4) $\vartheta_m \approx \dfrac{I_1{}^2 t_1 + I_2{}^2 t_2 + \ldots I_n{}^2 t_n}{t_1 + t_2 + \ldots t_n} = I_e{}^2$. $I_e$ heißt bekanntlich der über die Spieldauer ermittelte Effektivwert des Stromes. Man kann somit, wenn $t_s$ klein gegen $\tau$ ist, die Erwärmung so rechnen, als ob dauernd ein Strom vom Effektivwert fließt.

### b) Erwärmung von Stromleitern ohne Störeinflüsse

Ein langer Stromleiter mit einem Querschnitt konstanter Größe $f$ und konstantem Umfang $u$, Abb. 2, wird, mit Ausnahme der Gegenden um seine Enden, bei überall gleichen Abkühlungsverhältnissen überall gleiche Beharrungstemperatur annehmen, die aus der Gleichheit von in gleichen Zeiten entwickelter JoulescherWärme und durch die Oberfläche abgegebener Wärme herzuleiten ist. $I$ .... Dauerstrom (Effektivwert) im Leiter, $\varrho_0$ .... spez. Widerstand des Leiterwerkstoffs bei Umgebungstemperatur, $\beta$ .... Temperaturkoeffizient, $\sigma(>1)$ .... Einflußfaktor für den Skin-

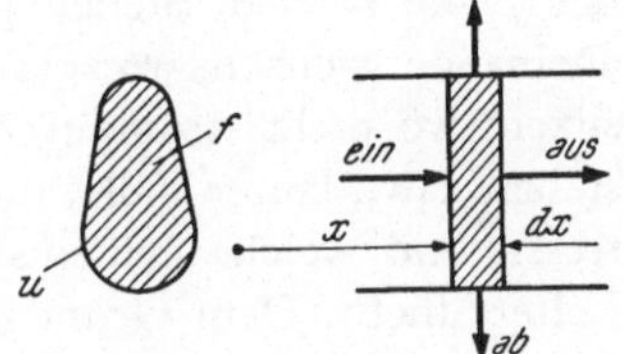

Abb. 2. Zur Stromleitererwärmung

Effekt. Die Betrachtung eines Leiterstücks der Länge *eins* während der Zeiteinheit ergibt $\dfrac{I^2 \varrho_0 (1 + \beta \vartheta_B) \sigma}{f} = \alpha u \vartheta_B$, woraus die Erwärmung $\vartheta_B$ folgt: $\vartheta_B = 1 \Big/ \dfrac{\alpha f u}{I^2 \varrho_0 \sigma} - \beta$. Grundsätzlich könnte also für $\beta = \dfrac{\alpha f u}{I^2 \varrho_0 \sigma}$ die Erwärmung unendlich werden — thermische Unstabilität —, doch ist bei den in Betracht kommenden Werkstoffen und Erwärmungen $\beta$ gegen $\dfrac{\alpha f u}{I^2 \varrho_0 \sigma}$ vernachlässigbar, so daß praktisch

$$\vartheta_B = \frac{I^2 \varrho_0 \sigma}{\alpha f u}. \tag{5}$$

Formt man um $\dfrac{I^2}{f u} = \left(\dfrac{I}{f}\right)^2 \dfrac{f}{u}$, sieht man, daß das Stromdichtequadrat nur als Produkt mit dem *hydraulischen Radius* $f/u$ des Querschnitts kennzeichnend für die Dauererwärmung ist; die Vergrößerung aller Querschnittsmaße auf z. B. das Doppelte ergibt also (bei unverändertem $\alpha$) bei unveränderter Stromdichte die doppelte Dauererwärmung. Ist die Dauerbelastung maßgebend, kann mit gestreckten Querschnittsformen und durch Parallelschaltung von Leitern Leitermaterial gespart werden. Dies gilt auch mit Rücksicht auf den Skin-Effekt, denn für geometrisch ähnliche Querschnitte, aber verschiedener Abmessungen, ist der Faktor $\sigma$ eine — und zwar monoton steigende — Funktion der dimensionslosen Kennzahl $\dfrac{\mu a^2 \nu}{\varrho}$. Darin ist $\mu$ die magnetische Permeabilität des Leitermaterials (nur bei Eisen von Luft verschieden), $\nu$ die Frequenz und $a$ eine die absolute Größe des Querschnitts kennzeichnende lineare Abmessung desselben.

### c) Störungseinflüsse bei der Dauererwärmung von Stromleitern

Die gleichmäßige Erwärmung von Leitern im Beharrungszustand ist in der Nähe solcher Stellen gestört, wo Leiter verschiedener Querschnitte aneinandergrenzen, wo zusätzliche Wärmequellen, etwa die Kontaktwärme, sitzen, wo nicht stromdurchflossene Teile mit dem Leiter in Verbindung stehen usw., lauter Fälle, die bei den Strombahnen von Schaltgeräten auftreten und welche gemeinsam haben, daß Wärme in Längsrichtung des Leiters fließt. Dem Grundgesetz der Wärmeleitung zufolge — es ist dem Ohmschen Gesetz analog — ist die Wärmestromdichte innerhalb eines Körpers, dessen Stoff die Wärmeleitzahl $\lambda$ hat,

$$\iota = -\lambda \operatorname{grad} \vartheta. \tag{6}$$

$1/\lambda = \varrho_W$ heißt auch spezifischer Wärmewiderstand. Innerhalb der Querschnittsfläche kann hier mit einheitlicher Temperatur gerechnet werden, es ist also, Abb. 2, $\operatorname{grad}\vartheta = \dfrac{\mathrm{d}\vartheta}{\mathrm{d}x}$, wenn $x$ auf der Leiterachse gemessene Entfernungen von einem Ursprung 0 bedeuten. Also ist

$$\iota = -\lambda\frac{\mathrm{d}\vartheta}{\mathrm{d}x}. \tag{7}$$

Im Beharrungszustand gilt für ein Leiterstück von der Länge $\mathrm{d}x$ in der Zeiteinheit: Die an der Stelle $x$ einströmende Wärme $f\iota_x$, vermehrt um die in dem Leiterstück erzeugte Joulesche Wärme $\varrho\,\sigma\,\dfrac{I^2\,\mathrm{d}x}{f}$, ist gleich der von seiner Oberfläche abgegebenen Wärme $\alpha u\,\mathrm{d}x\,\vartheta$, vermehrt um die an der Stelle $x+\mathrm{d}x$ ausströmende Wärme $f\iota_{x+\mathrm{d}x}$, also $f\iota_x + \varrho\,\sigma I^2\,\mathrm{d}x/f =$
$= \alpha u\,\mathrm{d}x\,\vartheta + f\iota_{x+\mathrm{d}x}$ oder $f\dfrac{\iota_{x+\mathrm{d}x}-\iota_x}{\mathrm{d}x} + \alpha u\vartheta = \varrho\,\sigma I^2/f$ oder $f\dfrac{\mathrm{d}\iota}{\mathrm{d}x} + \alpha u\vartheta =$
$= \varrho\,\sigma I^2/f$. Man bildet aus Gl. (7) $\dfrac{\mathrm{d}\iota}{\mathrm{d}x}$ und setzt ein: $\dfrac{\mathrm{d}^2\vartheta}{\mathrm{d}x^2} - \dfrac{\alpha u}{\lambda f}\vartheta = -\dfrac{\varrho\,\sigma}{\lambda}(I/f)^2$.
Das Integral dieser Differentialgleichung lautet mit den beiden Konstanten $C_1$ und $C_2$ und mit

$$s = \sqrt{\frac{\lambda f}{\alpha u}} \tag{8}$$

$$\vartheta = \frac{I^2\varrho\,\sigma}{\alpha f u} + C_1 e^{x/s} + C_2 e^{-x/s}.$$

Der erste Ausdruck rechts ist gemäß Gl. (5) die dem ungestörten Zustand eigene Erwärmung $\vartheta_B$; also ist

$$\vartheta = \vartheta_B + C_1 e^{x/s} + C_2 e^{-x/s}. \tag{9}$$

$s$ hat die Dimension einer Länge, ist von elektrischen Größen unabhängig und heißt die Längenkonstante des Leiters. Mittels Gl. (9) können alle oben angeführten Fälle behandelt werden. Hier ist jener herausgegriffen, bei welchem der sehr lange Leiter bei $x=0$ eine zusätzliche Wärmequelle von der Leistung $P$ hat. Es strömt also an der Stelle $x=0$ ein Wärmestrom der Dichte $\iota_0 = \dfrac{P}{f}$ und gemäß Gl. (7) muß sein $\dfrac{P}{f} = -\lambda\left(\dfrac{\mathrm{d}\vartheta}{\mathrm{d}x}\right)_{x=0}$. Aus Gl. (9) ergibt sich $\dfrac{\mathrm{d}\vartheta}{\mathrm{d}x} = \dfrac{1}{s}(C_1 e^{x/s} - C_2 e^{-x/s})$ und $\left(\dfrac{\mathrm{d}\vartheta}{\mathrm{d}x}\right)_{x=0} = \dfrac{C_1 - C_2}{s}$, so daß

$$\frac{P}{f} = -\frac{\lambda}{s}(C_1 - C_2). \tag{10}$$

Aus Gl. (9) folgt, daß hier $C_1 = 0$ sein muß, denn für $x = \infty$ muß $\vartheta = \vartheta_B$ sein. Mit $C_1 = 0$ folgt aus Gl. (10) $C_2 = \dfrac{Ps}{f\lambda}$ und mit Gl. (9) $\vartheta = \vartheta_B + \dfrac{Ps}{f\lambda}e^{-x/s}$.

Abb. 3 zeigt den Temperaturverlauf. Die größte Erwärmung tritt bei $x = 0$ auf, und zwar ist

$$\vartheta_0 = \vartheta_B + \frac{Ps}{f\lambda} = \vartheta_B + \frac{P}{\sqrt{\alpha\lambda uf}}. \tag{11}$$

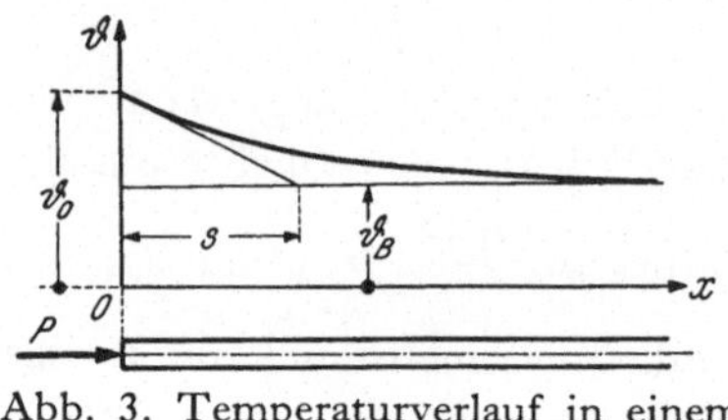

Abb. 3. Temperaturverlauf in einem Stromleiter

Bei den anderen oben genannten Störungsfällen dient zur Bestimmung der Integrationskonstanten in Gl. (9): 1. Für einen unendlich langen Leiter ist $C_1 = 0$. 2. Wo zwei Leiter, etwa mit verschiedenen Querschnitten, zusammentreffen, herrscht in beiden die gleiche Erwärmung und der Wärmestrom läßt sich aus den Faktoren $\lambda, f, \dfrac{d\vartheta}{dx}$ sowohl des einen wie des anderen Leiters ausdrücken. 3. Für einen nicht vom Strom durchflossenen Stab ist $\vartheta_B = 0$, an einem freien Ende desselben ist $\dfrac{d\vartheta}{dx} = 0$ (kein Wärmestrom). 4. Bei symmetrischer Temperaturverteilung zählt man zweckmäßig $x$ vom Symmetriezentrum weg, dann ist $C_1 = C_2$ und es treten hyperbolische Kosinusfunktionen auf.

### d) Erwärmung von Stromleitern im Kurzschluß

Hier ist die Beharrungserwärmung ein Vielfaches der zulässigen, die Zeit bis zu deren Erreichung nur ein Bruchteil der thermischen Zeitkonstanten, was bedeutet, daß die Wärmeabgabe an der Oberfläche ebenso wie die interne Wärmeleitung vernachlässigbar ist. Dagegen ist die Temperaturabhängigkeit des spezifischen Widerstandes zu berücksichtigen:

$$\varrho = \varrho_0(1 + \beta\vartheta). \tag{12}$$

$\varrho_0$ bezieht sich auf die Temperatur bei Eintritt des Kurzschlusses, gegenüber welcher auch die Erwärmung $\vartheta$ gezählt wird. Es wird ein Leiterstück mit dem spezifischen Gewicht $\gamma$, der spezifischen Wärme $c$ und der Länge *eins* während der Zeit $dt$ betrachtet ($t$ ab Eintritt des Kurzschlusses gezählt), die Stromstärke ist im allgemeinen variabel, der Momentanwert sei $i$. Im Sinne von *entwickelte gleich gespeicherte Wärme* ist

$$i^2 \varrho_0(1 + \beta\vartheta)\frac{dt}{f} = f\gamma c\, d\vartheta \quad \text{oder} \quad \frac{\beta\varrho_0}{\gamma cf^2}i^2 dt = \frac{d(1 + \gamma\vartheta)}{1 + \beta\vartheta}.$$

Man integriert: $\dfrac{\beta\varrho_0}{\gamma cf^2}\displaystyle\int i^2 dt = \ln(1 + \beta\vartheta) + \text{Konst.}$ Schreibt man dies für $t = 0$, also $\vartheta = 0$, an und subtrahiert, dann fällt die Konstante weg:

$\dfrac{\beta\varrho_0}{\gamma c f^2}\displaystyle\int_0^t i^2\,\mathrm{d}t = \ln(1+\beta\vartheta)$. Das Integral ist durch den Effektivwert $i_e$ des

Kurzschlußstromes von seinem Eintritt bis $t$ ausdrückbar: $\displaystyle\int_0^t i^2\,\mathrm{d}t = t\,i_e^2$, so daß

$$t\,\frac{\beta\varrho_0}{\gamma c}\left(\frac{i_e}{f}\right)^2 = \ln\,(1+\beta\vartheta) \tag{13}$$

$$\vartheta = \frac{1}{\beta}\left[e^{\left(\frac{i_e}{f}\right)^2 \frac{\varrho_0\beta}{\gamma c}t} - 1\right]. \tag{14}$$

Für die Erwärmung bei Kurzschluß ist demnach die Form des Leiterquerschnitts gleichgültig und die Stromdichte $i_e/f$ maßgebend. Die zulässige Kurzschlußerwärmung ist durch die Entfestigung beschränkt und ist für Kupfer 190°, für Aluminium 150° zu setzen. Solange $\beta\vartheta$ klein gegen 1 ist, gelten folgende bequeme Formeln, die durch Reihenentwicklung aus Gl. (13) bzw. (14) hervorgehen.

Berechnung von $i_e/f$ oder von $t$: $\qquad \left(\dfrac{i_e}{f}\right)^2 t = \dfrac{\gamma c}{\varrho_0}\,\vartheta\left(1-\dfrac{\beta}{2}\,\vartheta\right).$

Berechnung von $\vartheta$: $\qquad \vartheta = \left(\dfrac{i_e}{f}\right)^2 t\,\dfrac{\varrho_0}{\gamma c}\left[1+\dfrac{\beta}{2}\left(\dfrac{i_e}{f}\right)^2 t\,\dfrac{\varrho_0}{\gamma c}\right].$

### e) Temperaturverteilung in runden Spulen bei Beharrungszustand

In Spulen ist im Beharrungszustand die je Zeit- und je Raumeinheit entwickelte Wärme überall die gleiche; diese spezifische Wärmeleistung heiße $p$. Über die Länge der Spule ist deren Temperatur wegen der Kühlwirkung der Stirnflächen nicht gleichmäßig; diese macht sich in der Mittel-

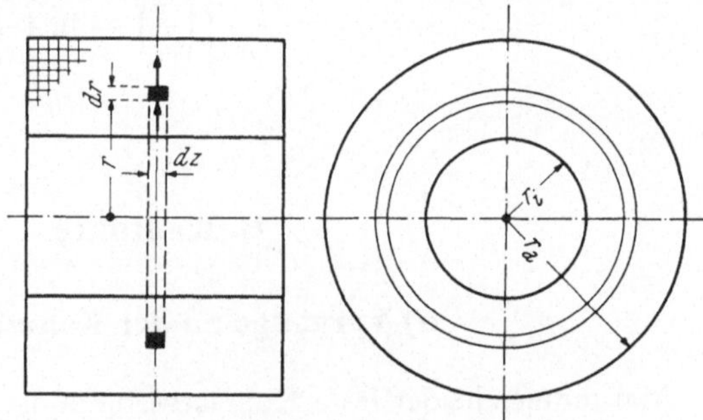

Abb. 4. Wärmeleitung in einer Spule

ebene relativ langer Spulen nur wenig bemerkbar, und für diesen Fall ist näherungsweise die Temperaturverteilung in Mittelebene ein ebenes Wärmeleitungsproblem und für runde Spulen leicht zu lösen. Abb. 4 zeigt eine $\mathrm{d}z$ hohe Schicht in Mittelebene der Spule. In dieser Schicht fließt radial ein Wärmestrom gemäß Gl. (6) $-2r\pi\,\mathrm{d}z\,\lambda\,\dfrac{\mathrm{d}\vartheta}{\mathrm{d}r}$. Zum Radius $r+\mathrm{d}r$

gehört somit ein um $-2\pi\,\mathrm{d}z\,\lambda\cdot\dfrac{\mathrm{d}\left(r\,\dfrac{\mathrm{d}\vartheta}{\mathrm{d}r}\right)}{\mathrm{d}r}\,\mathrm{d}r$ größerer Wärmestrom als zum Radius $r$, und dieser Unterschied der Wärmeströme ist gleich der je Zeiteinheit in dem Ring zwischen $r$ und $r+\mathrm{d}r$ entwickelten Wärme, welche $p\cdot 2\pi r\,\mathrm{d}r\,\mathrm{d}z$ beträgt. Somit gilt $-2\pi\lambda\dfrac{\mathrm{d}\left(r\,\dfrac{\mathrm{d}\vartheta}{\mathrm{d}r}\right)}{\mathrm{d}r}\,\mathrm{d}r\,\mathrm{d}z=2\pi p r\,\mathrm{d}r\,\mathrm{d}z$ oder

$\dfrac{1}{r}\dfrac{\mathrm{d}\left(r\,\dfrac{\mathrm{d}\vartheta}{\mathrm{d}r}\right)}{\mathrm{d}r}=-\dfrac{p}{\lambda}$. Durch Differenzieren ergibt sich die Differentialgleichung

$$\frac{\mathrm{d}^2\vartheta}{\mathrm{d}r^2}+\frac{1}{r}\frac{\mathrm{d}\vartheta}{\mathrm{d}r}=-\frac{p}{\lambda}.\tag{15}$$

Die Randbedingungen sind: Außen, Radius $r_a$, sei die Erwärmung $\vartheta_a$; innen, Radius $r_i$, ist die Kühlung meist schlecht, dort fließt kein Wärmestrom, d. h. für $r=r_i$ ist $\dfrac{\mathrm{d}\vartheta}{\mathrm{d}r}=0$. Bei Erfüllung dieser Randbedingungen lautet das Integral von Gl. (15) $\vartheta-\vartheta_a=\dfrac{p\,r_i^2}{4\lambda}\left(\ln\dfrac{r^2}{r_a^2}+\dfrac{r_a^2-r^2}{r_i^2}\right)$. Für $r=r_i$ wird $\vartheta$ naturgemäß am größten, und zwar gilt

$$\vartheta_i-\vartheta_a=\frac{p\,r_i^2}{4\lambda}\left[\left(\frac{r_a}{r_i}\right)^2-\ln\left(\frac{r_a}{r_i}\right)^2-1\right].\tag{16}$$

## B. Kontakte

### a) Vorgänge an der Kontaktstelle

Man unterscheidet feste Kontaktverbindungen und Schaltkontakte. Ein Zwischending sind Kontakte, die nicht geöffnet werden und zur Stromzufuhr zu bewegten Teilen dienen. Die Potentialverteilung in einem Stromleiter, Abb. 5, wird durch die gerade Linie *1—1* dargestellt. Wird der Leiter auseinandergeschnitten und werden nachher beide Teile aneinandergedrückt, so verläuft bei gleichem Strom wie früher die Potentialverteilung gemäß dem Linienzug *2—2*. Zwischen Punkten auf verschiedenen Seiten der Schnittstelle herrscht auch bei winzigem Abstand voneinander eine endliche Spannung, die Kontaktspannung $U_s$. Die Erklärung dafür ist folgende. Auch bei sorgfältigster Bearbeitung berühren Körper einander nur in begrenzter Anzahl von Stellen, der Strom tritt durch eine Anzahl von „Engen" über und die hohe Stromdichte in ihnen und ihrer Umgebung ergibt schon auf winzige Entfernungen endliche Spannungen, eben $U_s$. Der Strom geht aber nicht einmal durch alle Berührungsstellen, denn die Metalle bauen in Luft Oxyde und andere Verbindungen auf, die schlecht leiten, und nur jene Berührungsstellen, in welchen die Fremdschicht durch hohe örtliche Pressung oder Reibung Risse bekommt, in welche das Metall einfließt, lassen Strom durch. Übrigens kommt es auch dort zu keiner wirklich metallischen Berührung, denn feste Körper sind normal mit einer monomolekularen Wasser- oder Sauerstoffhaut über-

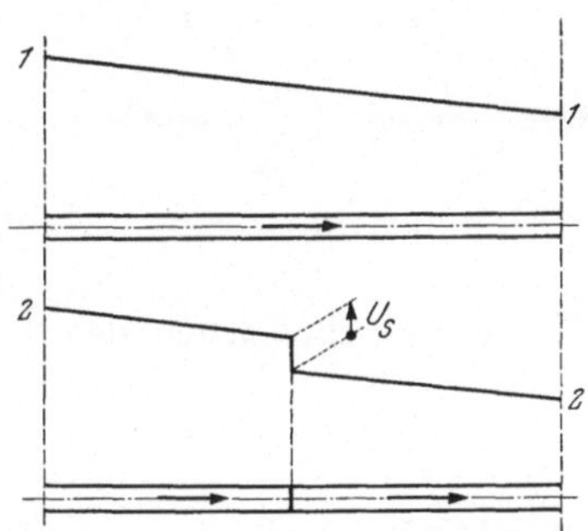

Abb. 5. Potentialverlauf; Beeinflussung durch Kontaktstelle

zogen, die so fest haftet, daß sie nur in Vakuum und Hitze weicht und einen zusätzlichen Widerstand darstellt, etwa $\sigma = 10^{-8}$ Ohm für 1 cm². Bei festen Kontaktverbindungen kann Luft nur seitlich zwischen die Teile hineinwandern, Oxydbildung schreitet nur langsam fort; dies ist der Grund, warum Aluminium für Leitungsschienen verwendbar ist, das Metall, dessen Oxyd besonders schlecht leitet und daher nie für Schaltkontakte in Betracht kommt. Allerdings müssen knapp vor dem Zusammenschrauben die Verbindungsstellen der Aluminiumschienen blankgescheuert und sofort durch Fette vor Luftzutritt geschützt werden. Bei festen Kontakten dürfen die Teile einander „flächig" berühren, denn es ist genügend Kontaktkraft $K$ zur Verfügung, um eine entsprechende Pressung zu bilden. Anders bei Schaltkontakten. Nur bei Punkt- oder bei Linienberührung kann in Verbindung mit der hier beschränkten Kontaktkraft die Pressung entstehen, die zur örtlichen Rißbildung in den Fremdschichten und zum Hineinfließen des Metalls benötigt wird. Die Linienberührung wird bei leistungschaltenden Geräten meist als Kompromiß angewendet, denn bei gegebener Abbrandmenge rücken die Schaltstücke weniger zusammen als bei Punktberührung. Von den gebräuchlichsten Schaltstückmaterialien Kupfer und Silber ist ersteres das weniger edle. Es überzieht sich mit dicken Oxydschichten, die mit zunehmender Temperatur immer schneller wachsen, weswegen etwa 105° als dauernd höchstzulässige Temperatur der Engstellen anzusehen sind. Bei Silber bildet sich weniger dessen bei 200° übrigens wieder zerfallendes Oxyd als andere Fremdschichten, die aber wesentlich langsamer wachsen als bei Kupfer. Man kann daher bei Silber auf die bei Kupfer im allgemeinen unumgängliche gegenseitige Gleitbewegung

(„Reinigungsbewegung") verzichten, die naturgemäß mit mechanischem Verschleiß verbunden ist. Es wird dadurch der Bau mancher Schaltgeräte vereinfacht.

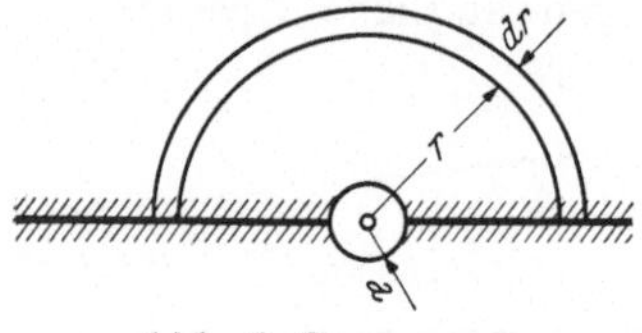

Abb. 6. Stromenge

Eine Enge entsteht, Abb. 6, wenn im leitenden Stoff eine dünne isolierende Wand mit kreisrundem Loch vom Radius $a$ liegt. Den Widerstand der Enge, $R_e$, kann man berechnen, wenn die Form der Stromlinien und Potentialflächen bekannt ist. Sie zu ermitteln ist schwierig, jedenfalls wird die Stromdichte gegen den Lochrand zu unendlich. Man hat abgeleitet

$$R_e = \frac{\varrho}{2a}. \tag{1}$$

Man kommt zu einem angenäherten Resultat, wenn man sich im Zentrum der Enge eine unendlich leitfähige Kugel vom Radius $a$ denkt, dann sind die Potentialflächen konzentrische Kugeln (Radius $r$), der Engewiderstand ist dann $R_e = 2 \int\limits_a^\infty \varrho \frac{dr}{2r^2\pi} = \frac{\varrho}{\pi a}$. Unter Einbeziehung des Widerstandes der monomolekularen Häute ist der vollständige Engewiderstand

$$R_e = \frac{\varrho}{2a} + \frac{\sigma}{\pi a^2}. \tag{2}$$

Der spez. Widerstand $\varrho$ in den Gln. (1) und (2) ist entsprechend einer Temperatur gleich 2/3 derjenigen der Engstelle plus 1/3 derjenigen in relativ weiter Entfernung davon einzusetzen. Die letztere Temperatur heißt Schaltstücktemperatur.

Wenn wieder die elektrisch unendlich leitfähige Kugel im Zentrum der Enge angenommen wird, dann sind sowohl die Potentialflächen als auch die Isothermen konzentrische Halbkugeln, Abb. 6. Zum Kugelradius $r$ gehöre die Halbkugelfläche $f$ und die Kelvintemperatur $T$. Dann ist der Wärmestrom durch $f$ nach Gl. (A 6) mit $1/\lambda = \varrho w$

$$P = - \frac{f}{\varrho w} \frac{dT}{dr}. \tag{3}$$

Im Beharrungszustand ist die Zunahme von $P$ von Kugelfläche zu Kugelfläche gleich der im Zwischenraum vom Strom $I$ erzeugten Wärmeleistung, also $dP = \varrho \frac{dr}{f} I^2$. Diese Gleichung wird mit Gl. (3) multipliziert:

$P dP = - I^2 \frac{\varrho}{\varrho w} dT$. Nach dem Gesetz von WIEDEMANN und FRANZ ist

$\dfrac{\varrho}{\varrho w} = AT$, wo $A = 2{,}4 \cdot 10^{-8}$ [V/°C]². Somit ist $P\,dP = -I^2 AT\,dT$. Dies gibt integriert $P^2 = -I^2 AT^2 + \text{Konst.}$ Die Konstante ergibt sich daraus, daß bei $r = a$ die Temperatur $T_e$ der Enge herrscht und $P = 0$ ist. Es wird dann

$$P^2 = I^2 A (T_e{}^2 - T^2). \tag{4}$$

Relativ weit weg von der Enge mißt man sowohl $T_s$, die Schaltstücktemperatur, als auch $U_s$, die Schaltstückspannung, und fließt ein Wärmestrom, der gleich $P_s = I \cdot U_s / 2$ sein muß. Dies in Gl. (4) eingesetzt, gibt

$$T_e{}^2 = T_s{}^2 + \frac{U_s{}^2}{4A}. \tag{5}$$

Nach Messung der Schaltstücktemperatur und der Schaltstückspannung kann mittels Gl. (5) die (direkt nicht meßbare) Engetemperatur bestimmt werden und kontrolliert werden, ob sie z. B. unter dem für Dauerzustand zulässigen Höchstwert $T_e = 273° + 105° = 378°$ liegt. Mit dem Temperatursprung $\Delta = T_e - T_s$ zwischen Enge und Schaltstück wird Gl. (5) $\Delta^2 + 2T_s \Delta = \dfrac{U_s{}^2}{4A}$ und angenähert $\Delta = \dfrac{U_s{}^2}{8AT_s}$. Für mittlere Verhältnisse, $T_s = 273° + 77° = 350°$, wird $\Delta = 0{,}015\,U_s{}^2$, wenn $U_s$ in mV. Mittels Gl. (A 11) kann der Einfluß der Kontaktwärme auf die Schaltstückerwärmung $\vartheta_s$ berechnet werden, und zwar ist einzusetzen $\vartheta_s$ für $\vartheta_0$ und $\dfrac{I U_s}{2}$ für $P$: $\vartheta_s = \vartheta_B + \dfrac{I U_s}{2\sqrt{\alpha u f \lambda}}$. Man setzt für $\alpha u f$ den aus Gl. (A 5) folgenden Wert ein und erhält $\vartheta_s = \vartheta_B + \dfrac{U_s}{2}\sqrt{\dfrac{\vartheta_B}{\lambda \varrho_0 \sigma}}$. Ist $T_u$ die Kelvintemperatur der Umgebung, ist $T_s = T_u + \vartheta_B + \dfrac{U_s}{2}\sqrt{\dfrac{\vartheta_B}{\lambda \varrho_0 \sigma}}$. Aus dieser und aus Gl. (5) wird $T_s$ eliminiert:

$$\frac{U_s{}^2}{4}\left(\frac{\vartheta_B}{\lambda \varrho_0 \sigma} + \frac{1}{A}\right) + U_s(T_u + \vartheta_B)\sqrt{\frac{\vartheta_B}{\lambda \varrho_0 \sigma}} - T_e{}^2 + (T_u + \vartheta_B)^2 = 0.$$

Setzt man $T_u = 273° + 35°$, $T_e = 273° + 105°$, $\vartheta_B = 30°$, $\lambda$, $\varrho_0$ für Kupfer, $\sigma = 1$, erhält man $U_s = 40$ mV. Bei der üblichen Erwärmung der Strombahn von 30° und bei 35° Umgebungstemperatur sollte die Schaltstückspannung unter 40 mV bleiben!

Versagen von Kontakten tritt auf durch Verschweißen und durch Heißkontaktbildung. Das Verschweißen kann auch bei Engetemperaturen unterhalb der Schmelztemperatur geschehen. Schon im Bereich zwischen dieser und der Entfestigungstemperatur treten größere Flächen in innige metallische Berührung, was zum Schweißen ausreicht. Die Schaltstückspannungen, die beim Verschweißen festzustellen sind, hängen vom Material ab und sind etwa das 4- bis 8fache der normalen. Die entsprechenden Temperaturen können aus Gl. (5) berechnet werden. Bei geschlossenem Kontakt tritt Verschweißen nur bei entsprechendem Überstrom ein, anders das Verschweißen beim Einschalten, s. I B c. Die sogenannte Heißkontaktbildung tritt auch bei Normalstrom an Kontakten von Metallen mit starker Fremdschichtbildung, und zwar sehr plötzlich auf, wenn der Kontakt durch lange Zeit hindurch nicht geschaltet wird, und besteht im Ausglühen der Schaltstücke, wobei die Leitfähigkeit zwischen ihnen unter Umständen ganz aufhört. Die Erscheinung ist durch Eindringen der Atmosphäre in Richtung Berührungsfläche und Fremdschichtbildung unter Einschnürung der Engen zu erklären, welcher Vorgang zuerst schleichend, mit Zunahme der Temperatur schließlich sehr schnell geschieht.

Es seien Schaltstückpaare verschiedener Größe, aus verschiedenen Materialien, aber bei geometrisch ähnlicher Oberflächengestalt vorausgesetzt, etwa Stück und Gegenstück kugelig mit Radius $r$. Das Material habe den Elastizitätsmodul $E$, die Druckfläche habe den Radius $r_d$ und in ihr herrsche die durchschnittliche Pressung $p$. Im elastischen Zustand muß nach dem Hookeschen Gesetz für alle geometrisch ähnlichen Fälle sein $\dfrac{r_d}{r} \approx \dfrac{p}{E}$.

Bei bestimmter Oberflächenrauhigkeit und Oxydstärke wird ein bestimmter Wert der Pressung $p$ zum Zerreißen der Fremdschichten und zum örtlichen Zusammenfließen des Metalls aus beiden Stücken nötig sein, welcher proportional der Fließgrenze $\sigma_f$ zu setzen ist, so daß für diesen Zustand gilt $\dfrac{r_d}{r} \approx r\,\dfrac{\sigma_f}{E}$ oder

$$r_d \approx r\,\frac{\sigma_f}{E}. \tag{6}$$

Dabei werden je Flächeneinheit Druckfläche durchschnittlich eine bestimmte Zahl von Engen von bestimmtem durchschnittlichem Radius auftreten. Nimmt man an, daß sich die Leitfähigkeiten dieser parallelgeschalteten Engen einfach addieren, ist der Widerstand $R_\Sigma$ aller Engen proportional $\varrho$ und umgekehrt proportional der Druckfläche, wegen Gl. (6) also

$$R_\Sigma \approx \frac{\varrho}{r^2}\left(\frac{E}{\sigma_f}\right)^2. \tag{7}$$

Bei gleicher Engetemperatur und gleicher Schaltstücktemperatur muß gemäß Gl. (5) $U_s = I R_\Sigma$ sein, d. h. wegen Gl. (7)

$$\frac{I\varrho}{r^2}\left(\frac{E}{\sigma_f}\right)^2 = \text{Konst.} \tag{8}$$

Im betrachteten Zustand ist die Kontaktkraft $K$ proportional $\sigma_f$ und der Druckfläche. Wegen Gl. (6) ist also $K \approx \sigma_f\left(\dfrac{\sigma_f}{E}\right)^2 r^2$; führt man aus Gl. (8)

den Strom ein, ergibt sich

$$\frac{I \varrho \, \sigma_f}{K} = \text{Konst.} \tag{9}$$

Kennt man eine thermisch befriedigende Anordnung, so kann mittels der Gln. (8) und (9) eine geometrisch ähnliche für veränderten Strom und veränderten Werkstoff angegeben werden. Die Wölbungsradien verändern sich gemäß Gl. (8) proportional $I^{1/2}$, dagegen die linearen Abmessungen geometrisch ähnlicher Strombahnquerschnitte proportional $I^{2/3}$, wie aus Gl. (A 5) bei $\alpha = \text{konst.}$ folgt.

Die Kontaktkraft kann durch den Scheitelwert $I_s$ des Kurzschlußstromes (oder eine Stromspitze beim Einschalten z. B. eines Motors) bedingt sein. Daß der Scheitel- und nicht der Effektivwert maßgebend ist, liegt an der äußerst geringen Wärmeträgheit des Engegebietes. An der Grenze des Verschweißens wird das ganze Kontaktgebiet plastisch, die einzelnen Engen fließen in eine zusammen; ihre Fläche $\pi a^2$ ist proportional der Kontaktkraft, unabhängig vom Wölbungsradius der Schaltstücke. An der Schweißgrenze ist also $\pi a^2 \approx K$, daher $a \approx \sqrt{K}$ und gemäß Gl. (2) mit einer Vernachlässigung $R_e \approx 1/\sqrt{K}$. Damit wird $U_s = I_s R_e \approx I_s/\sqrt{K}$. Die Schweißtemperatur ist durch einen bestimmten Wert von $U_s$ gekennzeichnet, somit ist der zulässige Scheitelwert des Stromes $I_s \approx \sqrt{K}$ oder $K \approx I_s^2$. Der Proportionalitätsfaktor hängt vom Schaltstückmaterial ab. Für Kupfer gibt KESSELRING (ziemlich hoch) an $K = (I_s/4000)^2$, für Silber ist nach FRANKEN $K = (I_s/2400)^2$. Weil $K$ dem Quadrat von $I_s$ proportional zu sein hat, sinkt die gesamte Kontaktkraft bei Aufteilung des Gesamtstromes auf $n$ Kontaktstellen auf den $n$-ten Teil! Das Vorstehende gilt für einen Kontakt, der vor Auftreten des Kurzschlusses bereits geschlossen war. Infolge des Prellens ist die Schweißgefahr bei einem auf Kurzschluß einschaltenden Kontakt je nach Umständen mehr oder weniger größer.

Den Wölbungsradius $r$ von sphärischen Schaltstückoberflächen macht man nach der vorhin abgeleiteten Gleichung $K \approx \sigma_f \left(\dfrac{\sigma_f}{E}\right)^2 r^2$ für Kupfer (und auch Silber) entsprechend $K/r^2 = 0{,}45 \text{ kp/cm}^2$. Im Gegensatz zu Gl. (9) läßt man aber $K$ stärker als proportional mit dem Dauerstrom $I$ wachsen, etwa mit der für Kupfer gültigen Faustformel, welche $K$ in kp bei $I$ in A ergibt: $K = I/70 + (I/400)^2$. Bei Silber darf die Kontaktkraft etwas kleiner sein.

### b) Kontaktwerkstoffe

Um einen Kontaktwerkstoff in Hinblick auf einen bestimmten Verwendungszweck zu beurteilen, müssen außer den Werten von $\varrho$, $E$, $\sigma_f$ noch Preis, Verarbeitbarkeit, Schmelz- und Entfestigungstemperatur, chemisches

Verhalten usw. betrachtet werden, die bei Kupfer und Silber zum Teil schon besprochen wurden.

**Reinmetalle,** die für die Starkstromtechnik in Betracht kommen, sind Kupfer und Silber. Bezüglich Schweißneigung ist letzteres ersterem unterlegen, wogegen Kupfer zu Heißkontaktbildung neigt. Durch den Schaltlichtbogen geschmolzenes Silber kann sich wieder anlagern, was aber durch das „Spratzen" des Silbers bei Erwärmung erschwert wird.

**Legierungen** haben physikalische Daten und Eigenschaften, die nicht dem Anteil der Komponenten entsprechen. Silber mit wenig Kupfer legiert bildet das sogenannte Hartsilber. Gegenüber Reinsilber bestehen folgende Unterschiede: etwa 15% weniger leitfähig, höhere Streckgrenze (Härte), geringere Schweißneigung, da höhere Entfestigungstemperatur, etwas Oxydationsneigung, daher keine Rückgewinnung geschmolzenen Materials. Ähnlich wie Hartsilber verhält sich eine Silber-Nickel-Legierung. Silber-Kadmium-Legierungen haben besonders geringe Schweißneigung, und zwar durch Bildung oxydischer Schichten, die aber nicht zu schädlicher Dicke anwachsen.

**Sinterstoffe** haben Eigenschaften, die einfach durch den Anteil der Komponenten festgelegt erscheinen. Die Sintertechnik erlaubt Stoffe zu kombinieren, die keine Legierung eingehen, wie Silber-Graphit, oder an sich legierungsfähige Metalle in nicht legierungsfähigen Prozentsätzen zu vereinigen. Silber-Graphit hat höchste Schweißfestigkeit bei schwacher Fremdschichtbildung, allerdings hohen Abbrand. Es ist nicht ohne weiteres lötbar. Sinterstoffe mit Wolfram haben wegen dessen hohen Schmelzpunkts sehr geringe Schweißneigung und sehr geringen Abbrand. Obzwar die Leitfähigkeit durch den Silber- oder Kupferanteil verbessert wird, reicht sie für Dauerbelastung durch hohe Ströme nicht aus. Dann wird vielfach ein eigener Dauerkontakt aus Kupfer oder Silber und ein eigener Abbrennkontakt mit Wolfram-Sinterstoffen vorgesehen.

Silber und Silberlegierungen müssen des Preises wegen als dünne Auflage von unedlen Metallen, meist Kupfer, ausgeführt werden. Diese Auflagen werden bei schweren Schaltstücken meist aufgelötet (Gefahr des Härteverlustes), sonst wird meist sogenanntes Kontaktbimetall, auch plattiertes Metall genannt, verwendet: Das Silber oder die Silberlegierung wird als Stab in eine Nut eines Blockes aus unedlem Metall eingepaßt und mit ihm bei Hitze unter der Presse verschweißt. Dieser Block wird anschließend zu Streifen ausgewalzt, die Querschnitte etwa nach Abb. 7 haben. Von diesen Streifen werden die einzelnen Schaltstücke abgeschnitten, wobei anschließend noch gebogen werden kann, s. Abb. 8. Der Abstand der Edelmetalleinlage von der Biegezone und der innere Biegeradius sollen mindestens gleich der Streifendicke sein. Die Plattierung braucht sich nicht auf die Teile zu erstrecken, die nie Kontakt geben und auf denen nur der Lichtbogenfußpunkt läuft. Für Ströme bis etwa 100 A und bei sonstiger

Eignung werden praktischerweise Bimetall-Kontaktniete viel verwendet. Sie haben auf dem Kopf des sonst aus Kupfer bestehenden Niets eine Edelmetallauflage.

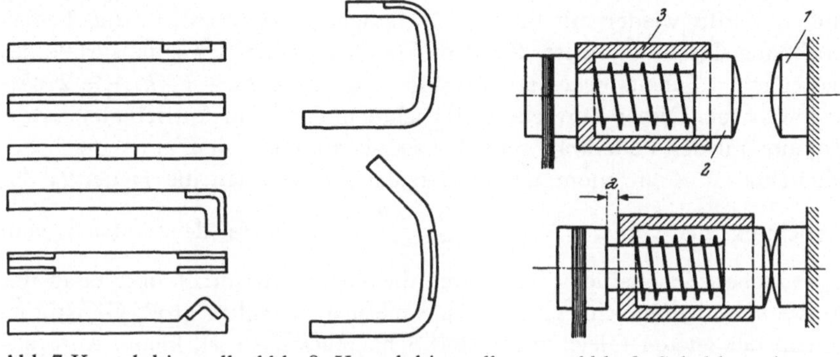

Abb. 7. Kontaktbimetall   Abb. 8. Kontaktbimetall   Abb. 9. Schaltkontakt

## c) Das Kontaktprellen

Die Schaltstücke müssen, von seltenen Ausnahmen abgesehen, schon deswegen über eine (vorgespannte) Feder, die Kontaktdruckfeder, angepreßt werden, damit auch bei Abnützung der Schaltstücke und der Antriebsteile die Kontaktkraft praktisch erhalten bleibt, s. Abb. 9. Es ist $1$ das feste Schaltstück, $2$ das bewegliche, $3$ der Teil, der vom Antrieb beim Kontaktschließen in eine bestimmte Stellung gebracht wird. Solange die Schaltstückabnützung kleiner als das Maß $a$ bleibt, ergibt die Feder, falls sie genügend weich ist, eine praktisch unverminderte Kontaktkraft $K$. Maß $a$ heißt der Kontaktdurchdruck. Die Trennung eines der beiden Schaltstücke vom Antrieb bzw. dem festen Teil durch eine Feder ist aber auch wegen des Kontaktprellens nötig, allerdings nur bei Geräten, die unter Strom einschalten. Bei solchen für Hochspannung leitet ein Überschlag vor Kontaktberührung einen Lichtbogen ein, dessen Wärmeentwicklung zusätzliche Schweißgefahr bedeutet. Dies um so weniger, je schneller die Einschaltbewegung ist. Ein Rückprellen der Schaltstücke nach der Erstberührung kann praktisch nicht gänzlich vermieden werden, doch gibt es Maßnahmen, die Dauer und die Weite des Wiederöffnens der Schaltstücke, welches mit Lichtbogenbildung, Abbrand und Schweißgefahr verbunden ist, zu beschränken. Von Einfluß auf diesen Lichtbogen ist der Ausgleichsvorgang bis zum stationären bzw. eingeschwungenen Zustand des Stromkreises, wofür dessen Kapazitäten, Selbstinduktionen und Widerstände bestimmend sind. Während des Stoßes der Schaltstücke ist die Kraft der Kontaktdruckfeder gänzlich bedeutungslos gegenüber den großen Stoßkräften, und es ist die relative Rückprallgeschwindigkeit gleich $-k$ mal der relativen Aufprallgeschwindigkeit $w$. Für den Stoßfaktor $k$ gilt $0 < k < 1$, schwankend zwischen völlig unelastischem und vollkommen elastischem Stoß. Das mit der Geschwindigkeit $-k \cdot w$ wegfliegende bewegliche Schaltstück wird durch die Federkraft verzögert, kehrt seine Bewegungsrichtung um und trifft wieder mit der Geschwindigkeit $+k \cdot w$ auf, da die Federkraft eine Ortsfunktion ist. Bei dem Vorgang ist die Bewegungsgröße des beweglichen Schaltstückes mit der Masse $m$ um $m[kw-(-kw)] = 2mkw$ angewachsen. Dieser Zuwachs muß nach dem Satz vom Antrieb gleich dem Zeitintegral der Federkraft sein. Da sie als konstant, und zwar gleich der Kontaktkraft $K$ angenommen werden darf, findet man die Dauer $t_a$ der

Abhebung aus $2mkw = Kt_a$ zu $t_a = \dfrac{2mkw}{K}$*). Wäre der Antrieb vom

beweglichen Schaltstück nicht durch die Feder getrennt, müßte er in der Masse $m$ enthalten sein, $t_a$ wäre dann meist unerträglich groß. Günstig ist gemäß der letzten Gleichung kleine Schaltstückmasse $m$, kleine Aufprallgeschwindigkeit $w$ (bei Hochspannungsgeräten nach unten durch den Einschaltlichtbogen begrenzt), große Kontaktkraft $K$, ein unelastisch verlaufender Stoß. Die Schaltstücke heben sich mehrmals hintereinander ab. Die entsprechenden Zeiten bilden eine geometrische Reihe mit dem Quotien-

ten $k$. Die Zeit für sämtliche Abhebungen zusammen wird $\Sigma t_a = \dfrac{2mw}{K\left(\dfrac{1}{k}-1\right)}$.

Man erkennt daraus noch besser die Notwendigkeit eines kleinen Wertes von $k$. Der Stoß bei Schaltgeräten ähnelt nicht dem von zwei Billardkugeln, dem klassischen Stoß, der dadurch gekennzeichnet ist, daß die Masse der beim Stoß deformierten Teile und die Deformation des größten Teiles der Massen vernachlässigbar ist. Beim klassischen Stoß kann $k$ nur bei grob plastischer Deformation so klein gehalten werden, wie dies beim Kontaktprellen erwünscht ist, welche Deformationen bei Schaltstücken nicht eintreten dürfen.

Stößt, Abb. 10, ein kürzerer Stab, Länge $l$, mit Geschwindigkeit $w$ axial auf einen längeren ruhenden Stab, Länge $L$, so ergibt die Rechnung und bestätigt der Versuch bei untereinander gleichen Querschnitten und Materialien beider Stäbe und bei vollkommen elastischem Verhalten, daß nach dem Stoß der kürzere Stab zur Ruhe kommt und der längere mit der Ge-

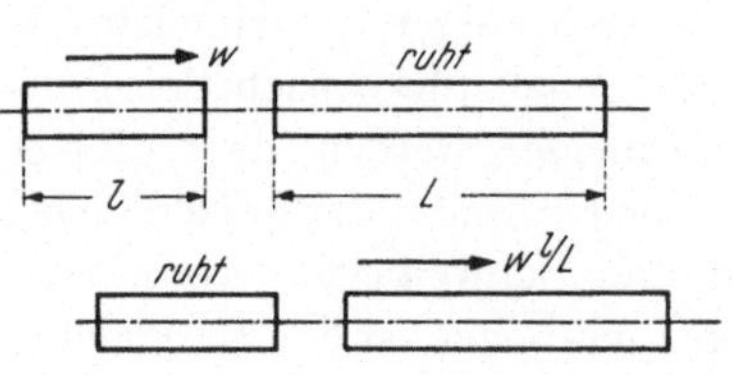


Abb. 10. Stoß zwischen zwei Stäben

*) Angenähert gilt dies auch für den Fall, daß das „feste" Schaltstück gefedert ist, und zwar wenn während $t_a$ die Beschleunigung oder Verzögerung des beweglichen Schaltstückes klein gegen $K/m$ ist.

schwindigkeit $w\,\dfrac{l}{L}$ wegfliegt. Daraus ergibt sich ein Stoßfaktor $k=\dfrac{l}{L}$.

Es scheint somit trotz rein elastischem Verhalten ein Stoßverlust einzutreten! Nach dem Stoß haben nicht alle Teile des längeren Stabes einheitliche Geschwindigkeit, die beobachtete Geschwindigkeit ist ein Mittelwert, auch ist der längere Stab nicht ohne innere Spannungen, d. h. in ihm schießen elastische Wellen mit Schallgeschwindigkeit hin und her. Berücksichtigt man ihren Energieinhalt, stimmt die Energiebilanz vollkommen. Komplizierter sind die Erscheinungen, wenn der Stoß auch Biegungsschwingungen auslöst, und erst recht beim verwickelten Aufbau technischer Gebilde. Zusammenfassend kann man sagen, daß meistens die Ausbreitung

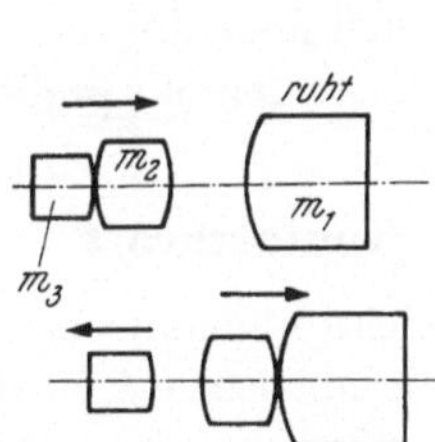

Abb. 11. Hilfsmassen
gegen Prellen

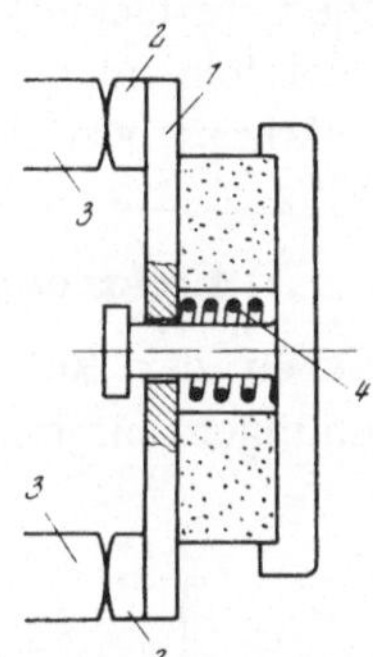

Abb. 12. Anordnung gegen
Kontaktprellen

von elastischen Wellen in der Umgebung den Stoßfaktor entscheidend verkleinert. Freilich ist es meist schwer, diesen Effekt bewußt zu steigern. Wenn der Antriebsteil *3* der Abb. 9 auf einen Anschlag trifft, prellt er um einen gewissen Weg zurück; damit sich hierbei der Kontakt nicht öffnet, muß der bei abgenützten Schaltstücken noch verbleibende Kontaktdurchdruck $a$ größer als genannter Weg sein.

Weil das Kontaktprellen so schädlich ist, hat man versucht, es mit Hilfsmassen zu unterdrücken. Im Prinzip geht das wohl, doch stößt die Verwirklichung auf Schwierigkeiten und hat bisher keine Bedeutung erlangt. In Abb. 11 ist $m_1$ eine ruhende Masse, dargestellt durch das eine Schaltstück; das andere Schaltstück mit der Masse $m_2$ bewegt sich dagegen, zusammen mit der an Masse $m_2$ anliegenden Masse $m_3$, der Hilfsmasse. Bei deren geeigneter Bemessung bleiben nach dem Stoß $m_2$ und $m_1$ beisammen und $m_3$ trennt sich von $m_2$. Dazu muß bei $k=1$ die Beziehung $\dfrac{m_2}{m_1}+\dfrac{m_2}{m_3}+$

$+\dfrac{m_2}{m_1}\cdot\dfrac{m_2}{m_3}=3$ erfüllt sein, die beispielsweise für $m_1=\infty$ ergibt $m_2=3\,m_3$.

Wohl nicht das Prellen selbst, aber die Dauer der Schaltstückabhebung wird bekämpft durch Einführung einer geschwindigkeitsabhängigen Kraft neben der Kraft der Kontaktdruckfeder. In Abb. 12 stellt *1* eine die beiden

Schaltstücke *2, 2* verbindende Kontaktbrücke dar, die beim Einschalten im Pfeilsinn bewegt wird. *3, 3* sind die festen Gegenschaltstücke. Bei dieser Anordnung wird der Stromkreis gleichzeitig an zwei Stellen unterbrochen, was später zu besprechende Vorteile haben kann, auch fehlen oft zu Brüchen neigende flexible Stromverbindungen zu bewegten Teilen, allerdings wird die doppelte Kontaktwärme entwickelt. Nach erfolgtem Kontaktdurchdruck ergibt die Feder *4* untereinander gleiche Kontaktkräfte an beiden Kontaktstellen. Das Besondere ist eine Schicht *5* aus Schaumstoff mit offenen Poren. Beim Wegfliegen von *1* nach der ersten Berührung wird *5* zusammengedrückt und übt dabei, je schneller, desto mehr, durch das Entweichen der Luft aus den Poren zusätzlich zur Feder eine Kraft aus, welche $t_a$ verkleinert und außerdem die Auftreffgeschwindigkeit des zweiten und der folgenden Stöße wirksam verkleinert, ohne daß aber die statische Kontaktkraft beeinflußt wird. Praktisch wird ein solcher Kontakt prellfrei.

### d) Elektrodynamische Beeinflussung der Kontaktkraft

Neben der Regel von BIOT-SAVART können elektrodynamische Erscheinungen auf folgende Art behandelt werden, die ebenso auf elektromagnetische Vorgänge anwendbar ist. Wird, Abb. 13, ein starres Leiterstück eines Stromkreises in der Richtung $x$ um d$x$ parallel verschoben (durch Schleifkontakte denke man sich den Stromkreis geschlossen), so wird sich im allgemeinen bei festgehaltenem Strom $i$ der vom Stromkreis umschlungene Fluß $\Psi$ etwas ändern.

Dies definiert den Differentialquotienten $\left(\dfrac{\partial \Psi}{\partial x}\right)_i$.

Die Kraft $F$ auf das Leiterstück beim Strom $I$ hat auf die Richtung $x$ die Projektion $F_x$, für welche

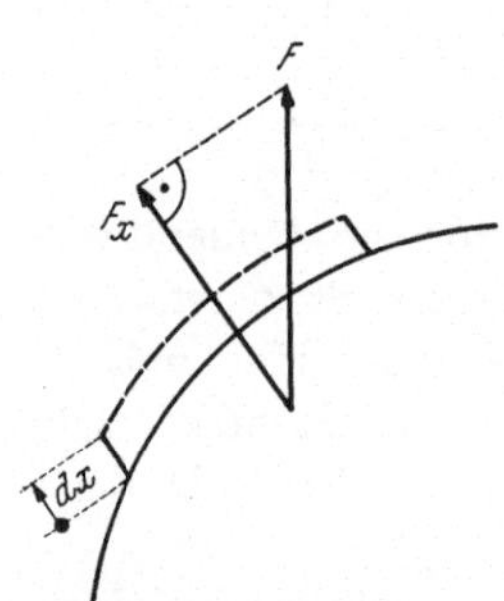

Abb. 13. Zur Bestimmung von Stromkräften

$$F_x = \int_0^I \left(\frac{\partial \Psi}{\partial x}\right)_i \mathrm{d}i \tag{10}$$

gilt. Ebenso kann noch die Projektion von $F$ auf eine andere Richtung und so $F$ selbst bestimmt werden. Soll auch die Lage von $F$ bestimmt werden, dann rechnet man das Moment $M$ von $F$ um einen Bezugspunkt gemäß

$$M = \int_0^I \left(\frac{\partial \Psi}{\partial \varphi}\right)_i \mathrm{d}i, \tag{11}$$

wenn die Drehung des starren Leiterstücks um den Bezugspunkt um den Winkel d$\varphi$ eine Änderung des Flusses um d$\Psi$ hervorruft, und zwar bei

Strom $i$. Bei Abwesenheit von gesättigtem Eisen ist $\Psi_I : \Psi_i = I : i$ und daher $\left(\dfrac{\partial \Psi}{\partial x}\right)_i = \left(\dfrac{\partial \Psi}{\partial x}\right)_I \cdot \dfrac{i}{I}$ und es wird $F_x = \dfrac{I}{2}\left(\dfrac{\partial \Psi}{\partial x}\right)_I$, $M = \dfrac{I}{2}\left(\dfrac{\partial \Psi}{\partial \varphi}\right)_I$. Dieselben Gleichungen gelten für die elektromagnetische Kraft auf ein Eisenstück in Stromkreisnähe, also auch für den Anker eines Elektromagneten. Natürlich beziehen sich dann d$x$ und d$\varphi$ auf eine kleine Bewegung des Eisenstückes. Im Falle mehrerer Windungen hat $\Psi$ die Bedeutung des Spulenflusses.

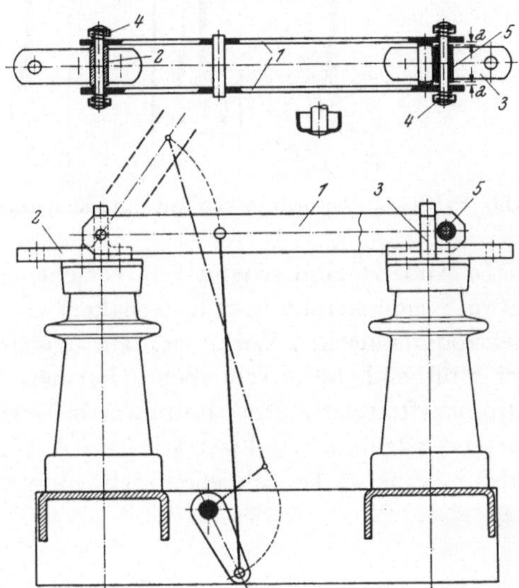

Abb. 15. Doppelmessertrennschalter

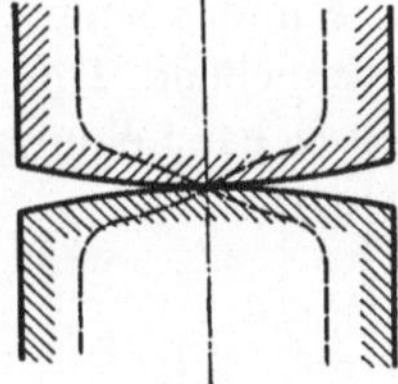

Abb. 14. Elektrodynamisches Öffnungsbestreben

Bei hohem Strom, also im Kurzschlußfall, ist gegen das Verschweißen höhere Kontaktkraft erforderlich, daher sind solche Anordnungen günstig oder erforderlich, bei denen die Kontaktkraft durch elektrodynamische Wirkung verstärkt wird. Die Schaltstücke von Punkt- und von Linienkontakten haben infolge der Umlenkung der Stromlinien zur Berührungsstelle hin das Bestreben zu öffnen, s. Abb. 14. Durch Beeinflussung seitens anderer Strombahnteile kann dies weit mehr als ausgeglichen werden. Dies ist z. B. bei den Doppelmesser-Trennschaltern der Fall, Abb. 15, welche bis etwa 40 bis 60 kV in Innenräumen verwendet werden. Der Strom wird auf zwei parallellaufende „Messer" *1, 1* aufgeteilt, welche, von gleichgerichteten Strömen durchflossen, einander anziehen, und damit wird die Kontaktkraft beim Stromübergang vom zur Drehachse gehörenden Anschlußstück *2* zu den Messern und ebenso von diesen zum Anschlußstück

2*

*3*, an welchem sich die Trennstrecke ausbildet, verstärkt. Ansonsten wird die Kontaktkraft von Federn *4* aufgebracht. Der Kontaktdurchdruck ist durch den Abstand *a* zwischen Messer und dem Distanzrohr *5* gegeben. Das Anschlußstück *3* hat Abschrägungen, welche den Messern das Aufgleiten an ihm ermöglichen.

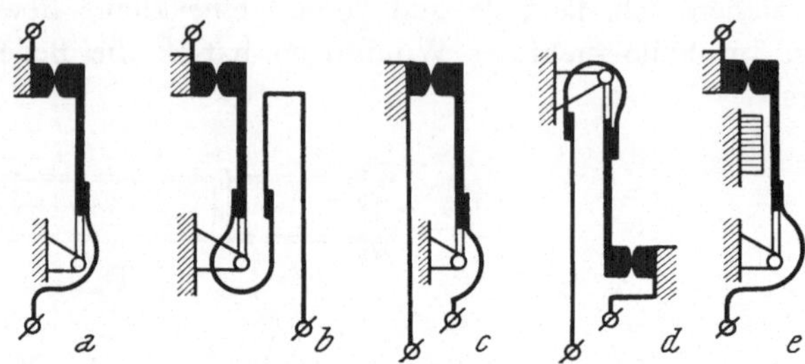


Abb. 16. Schalteranordnungen mit unterschiedlichen elektrodynamischen Wirkungen

In Abb. 16 sind schematisch verschiedene Anordnungen von Schaltern (etwa Niederspannung-Selbstschalter) dargestellt. Bei *a* und *b* sind die elektrodynamischen Wirkungen auf den Schaltarm relativ klein, und zwar bei *a* öffnend, bei *b* schließend. Bei den Ausführungen *c* und *d* sind die Stromkräfte relativ groß, und zwar bei *c* öffnend, bei *d* schließend. Durch geeignet angebrachtes Eisen wird bei Ausführung *e* bei einfacher Leitungsführung eine starke, schließend wirkende Stromkraft erzeugt.

## C. Isolation

Die Isolierteile im Schaltgerätebau bestehen meist aus den keramischen anorganischen Stoffen oder aus mit Füll- oder mit Trägerstoffen kombinierten Kunstharzen organischer Natur. Wenn sich deren beider Verwendungsgebiete auch überschneiden, sind sie im großen ganzen durch folgende Eigenschaften bestimmt, von denen die Kriechstromfestigkeit einer Erklärung bedarf: Bei Verschmutzung oder Benetzung entstehen oberflächlich auf dem Isolierkörper sogenannte Kriechströme. Ihre Wärmeentwicklung kann organische Körper oberflächlich verkohlen; es entstehen dann leitende Bahnen und die Isolierfestigkeit bricht endgültig zusammen. Bei den keramischen Isolierkörpern kann dies nicht geschehen, und es ist möglich, daß die Kriechströme zum Verbrennen des Schmutzes und zur Trocknung der Oberfläche, d. h. zur Wiederherstellung des Isolationszustandes führen.

Die keramischen Stoffe sind temperaturbeständig, höchst kriechstromfest (besondere Eignung für Freiluftgeräte), relativ fest, doch spröd, eignen sich nicht für kompliziert geformte Teile und bedingen große Herstellungstoleranzen. Die Kunstharze vertragen in ihren thermisch günstigsten Arten höchstens 150° C dauernd, 215° C kurzzeitig, sind wenig kriechstromfest (daher für Freiluftgeräte, besonders solche für Hochspannung, nur bedingt verwendbar), sind relativ fest bei guter Schlagzähigkeit, haben zum Teil ausgezeichnete Gleiteigenschaften, lassen sich, und zwar mit geringen Toleranzen, spanlos zu den kompliziertesten Teilen verarbeiten. Die große Verbreitung der Kunstharze erklärt sich aus der Mannigfalt ihrer Arten und der möglichen Füllstoffe bei unterschiedlichen Eigenschaften, wodurch sehr häufig Kompromisse geschlossen werden können.

**Keramische Stoffe.** Feuchte, feine, plastische Gemenge mineralischer Stoffe werden durch Drehen, Pressen, Strangpressen oder Gießen geformt und anschließend gebrannt. Je nach Ausgangsprodukten ist hauptsächlich zwischen Porzellan (Hartporzellan) und Steatit zu unterscheiden. Ersteres ist besonders elektrisch, also für Hochspannung, geeignet, aus letzterem lassen sich verwickeltere Körper mit engeren Toleranzen und mit etwa der doppelten Festigkeit des Porzellans herstellen. Dieses hat eine Druckfestigkeit bis etwa $5000 \text{ kp/cm}^2$ bei nur etwa $500 \text{ kp/cm}^2$ Zugfestigkeit. Um glattere und dichtere Oberflächen (Verschmutzung, Feuchtigkeitsaufnahme) zu erhalten, werden Porzellanteile meist glasiert; zu diesem Zweck werden sie vor dem Brennen mit Glasurmasse überzogen, welche beim Brennen schmilzt und mit dem Porzellan bindet. Die Flächen, mit denen Porzellanteile im Brennofen stehen, können nicht glasiert sein. Der Sprödigkeit wegen muß die Kraftübertragung auf Porzellanteile über ausgleichende Schichten aus Klingerit, Preßspan, Blei oder dergleichen erfolgen. Der Kitt, mittels welchem Kappen und dergleichen Metallteile auf oder in Porzellanteilen befestigt werden, verhindert ebenfalls örtliche Überbeanspruchungen. Kittflächen des Porzellans sind zu sanden oder zu riffeln. Die großen Maßtoleranzen keramischer Körper sind durch das Schwinden beim Trocknen und Brennen bedingt. Wo bezüglich Maß oder Form genaue Flächen nötig sind, muß dies durch Schleifen erzielt werden. Große Porzellanteile müssen aus ungebrannten Einzelteilen zusammengesetzt und beim Brennen zusammengesintert werden. Das Gießen von Porzellan erfolgt in Gipsformen; bei hohlen Teilen so, daß die Masse so lange in der Form bleibt, bis diese durch Wasserentzug die Füllung in der beabsichtigten Wandstärke plastisch werden läßt, worauf der noch flüssige Anteil ausgeleert wird. Die Teile sollen so gestaltet sein, daß die Gipsform nicht mehr als einmal zu teilen ist. Erst recht muß getrachtet werden, daß die teuren stählernen Preßmatrizen möglichst einfach gehalten werden. Sinngemäß läßt sich das über das Verpressen von Kunstharzen Gebrachte übertragen. So ist z. B. das Ausstoßen des Preßlings durch Schrägung seiner Seitenbegrenzungen zu ermöglichen. Die Schablonen zum Drehen von Rotationskörpern kosten wenig, daher sind solche Gestalten von Porzellankörpern anzustreben.

**Kunstharze.** Sie sind durch Großmoleküle gekennzeichnet und lassen sich in Duroplaste, das sind aushärtbare Harze, und Thermoplaste einteilen. Bei Zimmertemperatur feste Duroplaste werden bei Temperatursteigerung plastisch, so daß sie sich durch Pressen oder Spritzen formen lassen, und gehen bei weiterer Temperatursteigerung in einen harten, unlöslichen und unschmelzbaren Endzustand über. Daneben gibt es bei Zimmertemperatur flüssige Duroplaste, die sogenannten Gießharze, die durch Zumischen eines Katalysators, des Härters, aushärten.

Die Thermoplaste sind bei Zimmertemperatur fest, erweichen bei Temperatursteigerung, werden in diesem Zustand durch Pressen oder Spritzen geformt, härten nicht aus und sind demnach nur bis zu einer gewissen Temperatur formbeständig, die je nach Type 70 bis 90° C beträgt, wenn man von teueren Sonderstoffen absieht. Dadurch ist die Verwendung von Thermoplasten eingeschränkt.

Die Duroplaste werden mit Füllstoffen gemengt verarbeitet, nicht nur zwecks Verbilligung, sondern zur Verbesserung von Eigenschaften, wie Festigkeit, Wärmeleitfähigkeit usw. Für Preßmassen werden Holzmehl, Zellstoffaser, Papier, Gewebe, Asbestfaser, Gesteinsmehl als Füllstoffe verwendet. Gießharze werden meist mit Schiefermehl oder feinem Quarzsand gemengt.

Formteile aus Kunstharzen setzen Preß- bzw. Spritzformen oder Gießformen voraus. Die ersteren beiden müssen hohen Innendruck aushalten und gehärtet und poliert sein, damit sie durch das Fließen der Preßmasse nicht vorzeitig abgenützt werden (Gefahr besonders bei mineralischen Füllmitteln) und ein kleiner Preßdruck ausreicht. Dementsprechend sind die Kosten dieser Formen sehr hoch und nur bei Herstellung einiger Tausend gleicher Teile wirtschaftlich vertretbar. Das Aufkommen der Gießharze ermöglichte es, komplizierte Isolierteile schon bei wesentlich kleineren Stückzahlen rationell zu erzeugen, denn die Gießformen sind erklärlicherweise wesentlich billiger; allerdings muß man wegen der langen Aushärtezeit des Gießharzes mitunter mehrere gleiche Formen in Verwendung haben. Zur Vermeidung von Lufteinschlüssen (schädlich besonders bei Hochspannung) muß unter Vakuum gegossen werden. Da Gießharze ausgezeichnete Kleber sind, müssen die Formen innen mit Silikonöl gefettet werden, damit das Werkstück aus der Form herausgeht.

Beim Pressen bewegt sich die eine Formhälfte gegenüber der anderen, beim Spritzen wird in die bereits geschlossene Form aus einem besonderen Raum, in welchen ein Kolben eindringt, Preßmasse eingebracht. Die schematische Abb. 17 dient zur Erläuterung des Pressens des Werkstücks *1*. Die Unterform *2* ruht auf dem festen Pressentisch, die Oberform *3* ist in den bewegten Teil der Presse eingespannt. Die Unterform ist durch den Heizring *4* elektrisch oder aber dampfbeheizt. Bei gehobener Oberform wird eine abgewogene Menge Preßmasse (pulverförmig oder tablettiert) in die

Unterform eingefüllt, nimmt von ihr Wärme auf und wird plastisch, so daß beim Eindringen der Oberform in die Unterform alle Hohlräume scharf ausgefüllt werden. Die Form muß so lange geschlossen bleiben, bis die ganze Preßmasse die Temperatur angenommen hat, bei der das Kunstharz aushärtet. Somit ist die dickste Wandstelle für die Herstellkosten mitbestimmend, und beim Entwurf ist auf Gleichmäßigkeit der Materialstärke zu achten. Die seitlichen Begrenzungen des Preßteils sind zu schrägen, damit er leicht ausgestoßen werden kann. Abb. 17 läßt erkennen, daß die *untere*

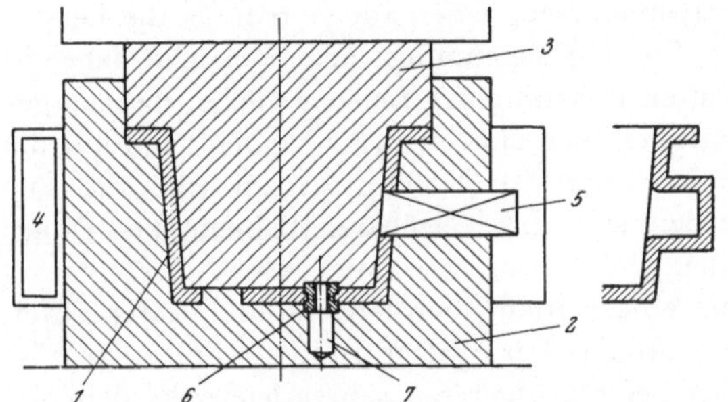

Abb. 17. Pressen eines Teiles aus Kunstharz

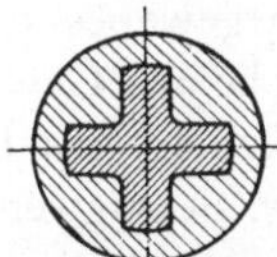

Abb. 18. Metallteil
in Preßmasse

Ausnehmung des dargestellten Werkstücks keine Herstellungsschwierigkeiten verursacht, daß dagegen die *seitliche* Öffnung einen in *2* geführten, den hohen Preßdrücken entsprechend gesicherten Schieber *5* nötig macht, der vor dem Ausstoßen des Werkstücks zurückgezogen werden muß. „Unterschneidungen" sind daher möglichst zu vermeiden, denn sie verteuern die Form und verlängern die Stückzeit. Die in der Nebenfigur von Abb. 17 gezeigte Unterschneidung würde noch größere Umständlichkeiten hervorrufen und es müßte auf das Spritzen des Stückes übergegangen werden. Die Schwierigkeiten infolge von Unterschneidungen sind hier weit größer als beim Metallguß, wo der Kern zwecks Entfernung zerstört werden darf! Da beim Aushärten eine, und zwar geringe Schwindung eintritt, können Metallteile sicher im Preßstück verankert werden, was besonders bei Gewindemuttern häufig geschieht, wie Abb. 17 erläutert. Die mit einem eingedrehten Hals versehene Mutter *6* wird auf den in der Unterform geführten Dorn *7* geschraubt und von der Preßmasse umflossen. Nach dem Ausstoßen des Werkstücks wird *7* herausgeschraubt. Bei diesem sogenannten „Einpressen" von Metallteilen können durch das Schwinden der Preßmasse in dieser Risse entstehen, wenn deren Wandstärke um den Metallteil sehr ungleichmäßig ist, s. Abb. 18. Auch die Kerbwirkung spielt hier eine Rolle.

Große Bedeutung im Schaltgerätebau haben Isolierteile aus Hartpapier wegen dessen hoher elektrischer und mechanischer Qualität bei guter Bearbeitbarkeit durch Zerspanen. Zur Hartpapierherstellung dienen Papierbahnen, die mit einem unausgehärteten Duroplasten getränkt sind. Solche Bahnen übereinandergelegt und bei Hitze gepreßt, ergeben Hartpapierplatten, auf einen Dorn unter Anpressung geheizter Walzen gewickelt, Hartpapierrohre, und durch Aufwickeln einer dünnen Schicht (1 bis 3 mm) auf Metallstäbe von rundem oder eckigem Querschnitt und Aushärten in einer zweiteiligen beheizten Preßform die sogenannten hartpapierumpreßten Stäbe oder Wellen, welche eine für Niederspannungsgeräte weit ausreichende Durchschlagsfestigkeit mit großer mechanischer Festigkeit verbinden. Wo die Schichtung von Hartpapiererzeugnissen zutage tritt, ist die Feuchtigkeitsaufnahme erleichtert. Für Hochspannung verwendet man daher in Luft möglichst statt aus Platten geschnittener Leisten solche, die aus gewickelten Rohren durch Plattquetschen entstehen. Es bleiben dann nur die kleinen Stirnflächen durch Lackieren vor Feuchtigkeit zu schützen. Für Hartgewebeerzeugnisse werden statt harzgetränkter Bahnen aus Papier solche aus Gewebe verwendet.

Durch das Bestehen von Vorschriften über Kriech- und Luftstrecken bzw. Schlagweiten und von Normen über Stützer und Durchführungen ist die Bemessung der Isolation bei Schaltgeräten sehr erleichtert; dennoch sind die Erkenntnisse über elektrische Felder und elektrische Festigkeit bei Hochspannungsgeräten immer wieder zu beachten.

Der Raumbedarf von Hochspannungsgeräten ist meist hauptsächlich durch die Nennspannung, der von Niederspannungsgeräten durch die Nennspannung (Kriech- und Luftstrecken) und den Nennstrom (Abmessungen der Strombahn und der Anschlüsse) bedingt. Wenn man eine vorgeschriebene Kriechstrecke längs Rippen des Isolierkörpers statt längs einer glatten Fläche verwirklicht, kann offenbar bei Niederspannungsgeräten kleiner Stromstärke relativ mehr an Raum gespart werden als bei Geräten für großen Strom. Praktisch bedeutet das, daß man bei ersteren Geräten auf gepreßte oder gespritzte komplizierte Isolier-Formteile nicht verzichten kann, bei letzteren Geräten die Isolierteile aber auch durch Ausschneiden aus Isolierplatten, Umpressen von metallischen Leisten, Verwendung von Isolierrohren herstellen kann.

Bei manchen Niederspannungsgeräten (Kontroller für Krane und Fahrzeuge, Wendeschalter und Schaltwerke für elektrische Lokomotiven) sind viele gleiche Elemente nebeneinander angeordnet und voneinander zu isolieren. Vorteilhaft ist dann die Verwendung hartpapierumpreßter Leisten, auf denen die spannungführenden Teile aufgeklemmt sind, wie Abb. 19 in Varianten zeigt. Bei solchen mit einer Leiste und zwei seitlichen Schrauben wird die Lage des geklemmten Teiles bei sehr ungleichem Anziehen der Schrauben unbestimmt! Umpreßte Vier- und Sechskantstäbe sind auch als Wellen vorteilhaft, auf denen viele voneinander zu isolierende Teile sitzen, s. Abb. 20. Der Teil *1* ist hier der Träger von Nockenstücken eines

Nockenfahrschalters. Die diagonal angeordneten Schrauben ergeben kleinen Raumbedarf. Da sich Kunststoffe schlag- und geräuschdämpfend verhalten, fertigt man aus ihnen Nockenscheiben vielfach auch dann, wenn diese

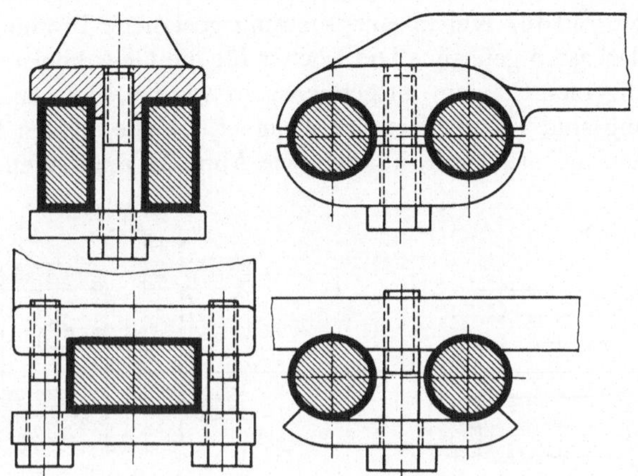

Abb. 19. Klemmung auf hartpapierumpreßten Leisten

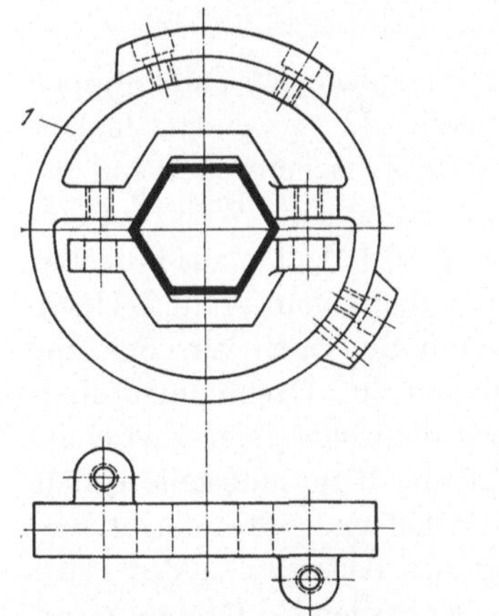

Abb. 20. Nockenträger auf umpreßter Sechskantwelle

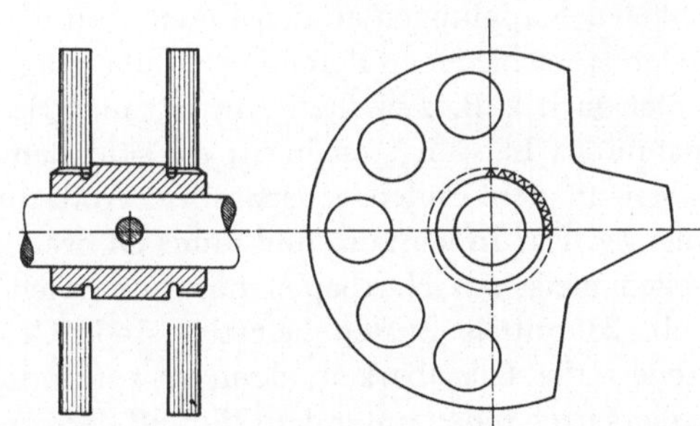

Abb. 21. Nockenscheiben aus Hartpapier

nicht isolierend zu sein brauchen. Abb. 21 zeigt die Befestigung von je zwei Nockenschreiben aus Hartpapier auf gemeinsamer stählerner Nabe. Diese ist mit achsparalleler Rändelung versehen, auf welche die mit einem glatten zylindrischen Loch (Durchmesser versuchsweise ermitteln!) versehenen Scheiben aufgepreßt werden, wobei sich die Rändelung in das Hartpapier eingräbt. Die gezeichneten Entlastungslöcher sind gegen Rißbildung beim Aufpressen. Isolierende Zug- und Druckstangen, etwa für Trennschalter nach Abb. 15, werden aus Plexiglas herausgeschnitten, einem Thermoplasten relativ guter Kriechstromfestigkeit, der in Platten zu haben ist, oder aus Gießharz (Möglichkeit von kriechstreckenverlängernden Schirmen und für Knickbeanspruchung geeigneter Profilierung) oder aus Hartpapierleisten gefertigt. Die Löcher für die Gelenkbolzen brauchen hierbei im allgemeinen nicht ausgebüchst zu werden. Bei starker Knickbeanspruchung sind Hartpapierrohre geeignet, welche an den Enden mit Gelenkstücken versehen sind, ähnlich wie Abb. 23 zeigt. Wenn auf voll-

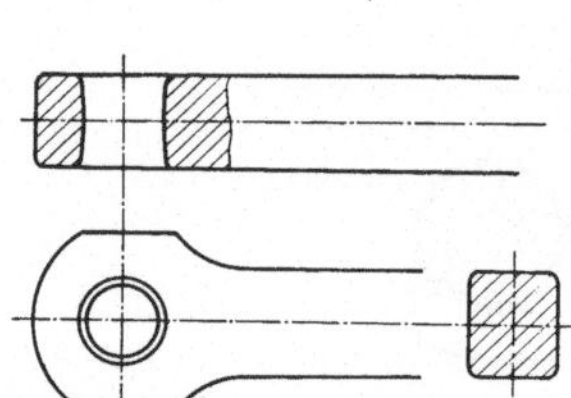

Abb. 22. Zug-Druck-Stange
aus Steatit

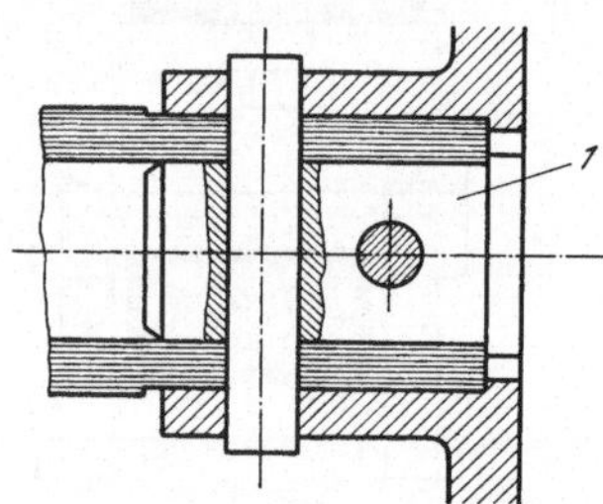



Abb. 23. Befestigung von Kupplungen auf Hartpapierrohren

keramische Isolation Wert gelegt wird, werden im einfachsten Fall knüppelartige Zug-Druck-Stangen aus Steatit nach Abb. 22 verwendet. Isolierwellen für Hochspannungsgeräte sind meist nur Zwischenwellen mit gelenkigen Kupplungen an den Enden, um die Drehung einer Welle auf eine andere verschiedenen Potentials zu übertragen. Derlei Wellen aus Porzellan finden sich z. B. zwischen Antrieb und Schalterkopf von Freiluft-Hochspannungs-Leistungsschaltern; sie sind dann mit Schirmen versehen und haben an den Enden achsparallele Abflachungen zur Drehmomentübertragung. Für Innenraum und unter Öl bestehen die isolierenden Zwischenwellen meist aus Hartpapierrohr, auf welchem die Kupplungsteile gemäß Abb. 23 mittels Stiften befestigt sind. Der festsitzende Pfropfen *1* vergrößert die Belastbarkeit, denn er verhindert das Ausweichen des Hartpapiers nach innen unter dem Einfluß der von den Stiften bei Drehmomentübertragung ausgeübten Pressung. Solche Isolierzwischenwellen finden sich bei Transformator-Regelschaltern, stationären sowohl als solchen auf elektrischen Triebfahrzeugen. Als gelenkige Kupplungen dienen vorteilhaft Hardyscheiben aus Stahlblech, weil einfach und spielfrei. Isolierend wirkende Drehmomentübertragungen für höhere Belastung als etwa in Abb. 20 sind in drei Varianten in Abb. 24 veranschaulicht. Bei der ersten sind umpreßte Flachleisten verwendet (Niederspannung), bei der zweiten ein aus einer Hartpapierplatte geschnittener Arm, bei der dritten ein Isolierrohr, welches in einfacher und raumsparender Weise in einen metallischen Teil

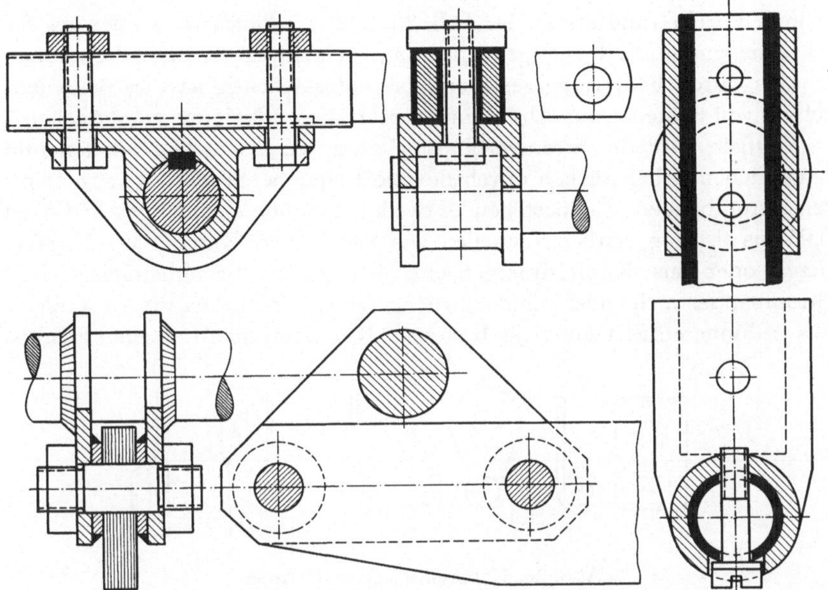

Abb. 24. Isolierend wirkende Drehmomentübertragungen

geklemmt ist. Durch die Schrauben wird das Rohr nach Maßgabe des gegen die Hülse vorhandenen Spiels etwas verquetscht und legt sich gegen diese auf einem großen Teil des Umfangs unter Spannung an. Für Hochspannung werden Klemmungen nach Abb. 19 auf Stäben oder Rohren aus Hartpapier oder Hartgewebe ausgeführt.

## D. Anschlüsse

Leitungen müssen einerseits leicht an die Geräte angeschlossen werden können und dürfen andrerseits Kontrolle und Wartung derselben — etwa den Austausch abgenützter Schaltstücke — nicht behindern. Das Anschließen von *Drähten* soll möglich sein ohne Ösen zu biegen und die Anschlußschrauben ganz herauszudrehen, also etwa nach Abb. 25.

Für das Anschließen von *Kabeln* werden Kabelschuhe verwendet. In diese werden die Leiter des Kabels eingelötet oder sie werden — heute mit

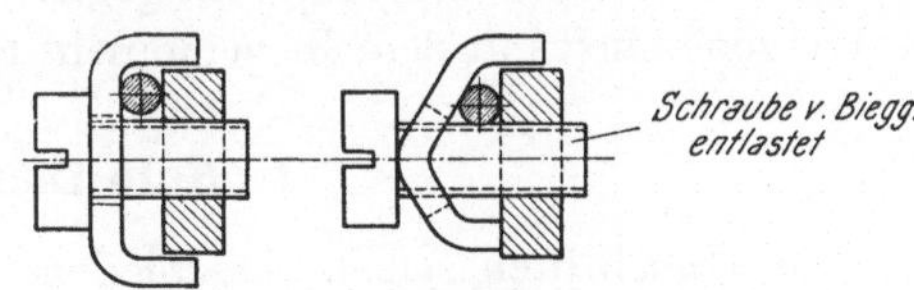


Abb. 25. Anschlüsse für Draht

Ausnahme großer Querschnitte fast allgemein — durch Quetschen mittels besonderer Werkzeuge leitend in den Kabelschuhen befestigt. Diese gibt es in den drei Grundformen der Abb. 26. Stärkere *Rundleiter* werden zwecks Anschließens am Ende plattgequetscht und gelocht. Die Anschlußschrauben werden durch Federringe gesichert; besonders wichtig ist dies beim Anschluß von Schienen aus Aluminium wegen dessen Neigung zu „kriechen".

Vielfach wird die Stromverbindung zwischen festen Geräteteilen und beweglichen Schaltstücken durch flexible Leiter hergestellt, die sogenannten Strombänder. Sie bestehen entweder aus übereinandergeschichteten 0,05 bis 0,1 mm starken Lamellen aus halbhartem Kupfer, aus Kupferlitzen oder aus Kupferdrahtgeflecht. Bei großer Schalthäufigkeit sind Strombänder mehr oder minder bruchgefährdet, natürlich um so weniger, aus je dünneren Elementen sie bestehen. Nun kann man Lamellen nicht so

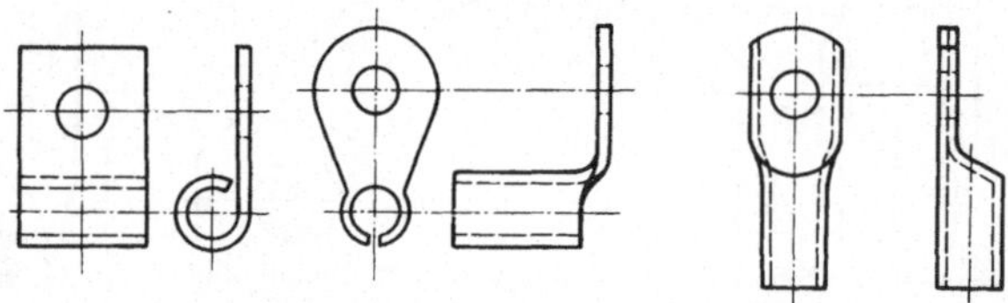

Abb. 26. Kabelschuh-Grundformen

dünn wählen wie die Drähte in Litzen oder Geflechten, sie wären zu leicht verletzbar. Daher sind die beiden letzteren weniger bruchgefährdet. Zur Wahrung der Beweglichkeit muß das Lamellenband aufgelockert sein. Geflechte und Litzen werden in Hülsen weich eingelötet, die dann für die Anschlußschrauben gebohrt werden; das Lötzinn darf, um Ermüdungsbrüche zu vermeiden, nicht bis in den aus der Hülse ragenden Teil dringen. Analoges gilt für Lamellenbänder, deren Enden zwischen Deckplatten eingelötet werden. Die Enden von Lamellenbändern werden auch durch Preßschweißung zu festen Gebilden umgewandelt, in welche die Anschlußschraubenlöcher gebohrt werden. Offenbar wird die Biegebeanspruchung des Strombandes klein, wenn sie über die Länge gleichbleibend ist, also überall gleiches Biegemoment herrscht. Das ist der Fall, wenn sich der bewegte Teil, dem Strom zugeführt wird, um den Schwerpunkt des Strombandes dreht, denn die Enden eines biegebelasteten Stabes überall gleichen Querschnitts drehen sich gegeneinander um den Schwerpunkt der je Längeneinheit mit dem Biegemoment belegten Stabachse*).

## E. Schutzarten

Die Vorschriften setzen verschiedene allgemeine Schutzarten fest, die sich auf die Berührung spannungsführender Teile und das Eindringen von

---

*) Der Drehwinkel $\varphi$ ergibt sich dabei aus dem Elastizitätsmodul $E$ und dem Biegeträgheitsmoment $J$ des Stabes sowie dem über die Stablänge gemittelten Biegemoment $M_{\mathrm{mitt}}$ zu $\varphi = M_{\mathrm{mitt}}/E \cdot J$.

Fremdkörpern und Staub sowie auf das Eindringen von Wasser und Gas beziehen. Bei den höheren Schutzarten werden Kabelstopfbüchsen zum dichten Einführen der Kabel in die Geräte verwendet. Diese Stopfbüchsen, Abb. 27, werden in Metall und in Kunststoff ausgeführt. Der Dichtring *1* aus Gummi besteht zwecks Anpassung an verschiedene Leitungsdurchmesser aus ineinandergesteckten Teilen und wird durch Anziehen der Brille *2* axial gedrückt. Er legt sich daher dichtend gegen das Kabel und die Stopfbüchsenwand.

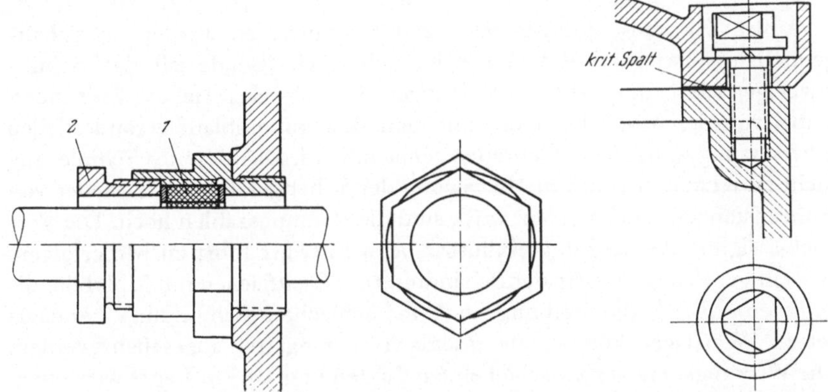


Abb. 27. Kabelstopfbüchse
Abb. 28. Verschraubung<br>mit Dreikantschrauben

Wichtige Sonderschutzarten sind der Explosions- und der Schlagwetterschutz. Damit die in Schaltgeräten entstehenden Funken und Lichtbögen eventuelle explosible Gemenge in der Umgebung nicht zur Explosion bringen, gibt es hauptsächlich folgende beide Möglichkeiten.

**Ölkapselung.** Die Schaltkontakte sind in gehörige Tiefe unter Öl verlegt. Der durch die Lichtbogenwärme als Zersetzungsprodukt des Öls entstehende Wasserstoff kommt abgekühlt an die Oberfläche und zündet nicht.

**Druckfeste Kapselung.** Das Schaltgerät ist von einem Gehäuse umschlossen, von welchem angenommen wird, daß es nicht völlig dicht ist und es daher in seinem Innern gelegentlich zur Explosion kommt. Das Gehäuse ist aber so stark, daß es dem Explosionsdruck standhält, und die Fugen zwischen den einzelnen Gehäuseteilen, die Durchtrittsstellen von Wellen und von Stromleitern usw. haben so enge und so lange Spalte, daß die Explosionsgase, wenn sie außen anlangen, so weit abgekühlt sind, daß sie nicht zünden. Es ist verständlich, daß keine weichen und brennbaren Dichtungen verwendet werden dürfen.

Da explosions- und schlagwettergeschützte Geräte nur von dazu Befugten geöffnet werden dürfen, sind sie mit Dreikantschrauben, die nur mit entsprechendem Steckschlüssel bedienbar sind, verschraubt. Eine solche Verschraubung zeigt Abb. 28. Die kritischen Spalte sind hervorgehoben. Der Kragen um den Dreikantkopf der Schraube ist nötig, damit sie nicht mit einer gewöhnlichen Rohrzange herausgeschraubt werden kann.

# F. Getriebe

## a) Reibung, Statik

Außer Zahnrad-, Zahnstangen- und Kettentrieben werden im Schaltgerätebau vorwiegend das ebene Kurbelviereck (Sonderfall das Schubkurbelgetriebe) und ebene Kurvengetriebe (Nockentriebe) verwendet, wobei von der Möglichkeit der mit dem Bewegungsablauf veränderlichen Übersetzung weitgehend Gebrauch gemacht wird. Da mit guter Schmierung nicht zu rechnen ist und die Bewegung der Schaltgeräte immer wieder von Ruhezuständen unterbrochen wird, sind die Reibungszahlen hoch. Die Vernachlässigung des Reibungseinflusses beim Entwurf führt zu Mißerfolgen. Seit einiger Zeit hat man in der Behandlung der Gleitflächen mit Molybdändisulfit ein Mittel, die Reibung auch bei schlechter Schmierung herabzusetzen. Wälzlager können als praktisch reibungsfrei angesehen werden. Die Wirkungslinie der zwischen einem Zapfen und seinem Lager wirkenden Kraft berührt den zum Zapfen konzentrischen Reibungskreis, dessen Radius gleich Zapfenradius mal Zapfenreibungszahl ist. Auf welcher Seite die Berührung stattfindet, ergibt sich am einfachsten so, daß man zunächst keine Reibung berücksichtigt und sie nachher schrittweise bei jedem Zapfen einführt; dabei muß jedesmal das Verhältnis der treibenden Kraft zur Last oder das Verhältnis des treibenden Drehmoments zum Lastdrehmoment zunehmen. Als Beispiel diene das Kurbelviereck in Abb. 29, wobei deutlichkeitshalber Reibungskreis gleich Zapfenkreis genommen ist. Der Schnittpunkt $O_g$ der Verbindungsgeraden $z$ der beiden Wellenmittel (die sogenannte Zentrale) mit der Verbindungsgeraden $k$ der beiden Kurbelzapfenmittel ist offenkundig der Momentanpol der gegenseitigen Bewegung der Kurbeln, d. h. das momentane Verhältnis ihrer Winkelgeschwindigkeiten — die Übersetzung — ist so, als ob die Wellen durch Zahnräder gekuppelt wären, deren Teilkreise einander in $O_g$ berühren; bei Reibungslosigkeit gilt dies natürlich auch bezüglich der zum Gleichgewichthalten nötigen Wellendrehmomente. Bei Reibung tangiert die von der Koppel übertragene Kraft die Reibungskreise der beiden Kurbelzapfen. Falls Kurbel $I$ die treibende ist, ergibt sich auf Grund obiger Regel von allen vier Möglichkeiten die stärker gezeichnete als die gültige und das Verhältnis der Wellendrehmomente $M_I$, $M_{II}$ für Gleichgewicht aus den Strecken $p_I$, $p_{II}$ der Abb. 29 zu $\dfrac{M_I}{M_{II}} = \dfrac{p_I}{p_{II}}$. Wenn die Lager der Wellen sehr nahe der Getriebeebene sind und nicht noch zusätzlich belastet sind, kann auch hier die Reibung leicht berücksichtigt werden. Mit den in Abb. 29 eingetragenen Strecken $p_I{}'$ und $p_{II}{}'$ ist $\dfrac{M_I}{M_{II}} = \dfrac{p_I{}'}{p_{II}{}'}$.

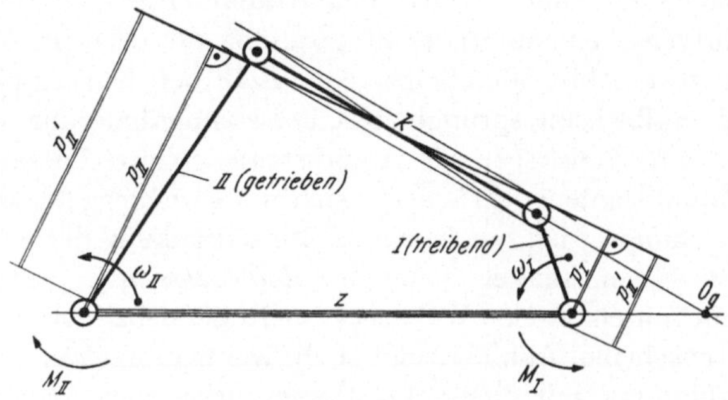

Abb. 29. Kurbelviereck

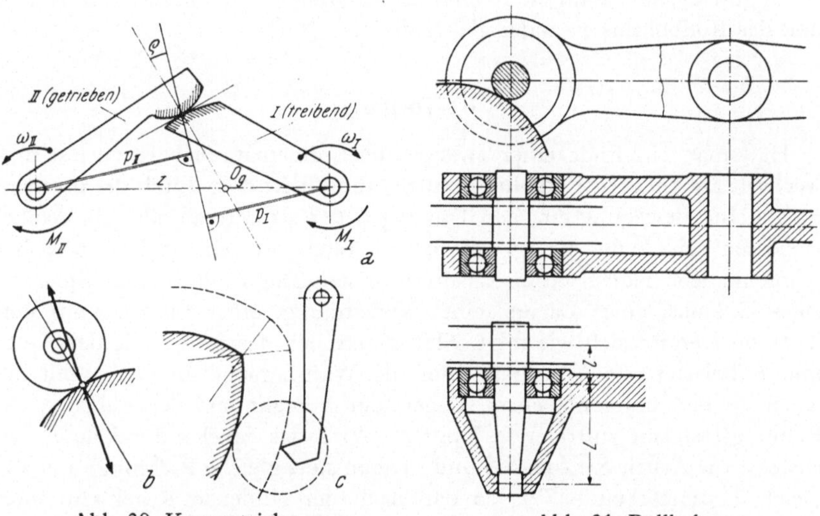

Abb. 30. Kurventriebe          Abb. 31. Rollbolzen

Vorstehendes läßt sich ohne weiteres auf ebene Kurventriebe übertragen, Abb. 30a. An die Stelle der Geraden $k$ tritt die Berührungsnormale. Gegen diese ist die Richtung der übertragenden Kraft um den Reibungswinkel $\varrho$ geneigt. Meist wird der Kurventrieb zur Reibungsverminderung als Nockenscheibe und Rollenhebel ausgeführt, Abb. 30b. Dabei geht die Wirkungslinie der übertragenden Kraft durch den Berührungspunkt zwischen Scheibe und Rolle und tangiert den Reibungskreis des Rollenzapfens. Man erkennt, daß zu einer nennenswerten Reibungsverminderung eine im Verhältnis zum Zapfen große Rolle gehört.

Nockentriebe gestatten große, unter Umständen sprunghafte Übersetzungsänderungen. Die bestehenden Einschränkungen erkennt man, wenn man die kinematisch gleichwertige Anordnung untersucht, bei welcher an Stelle der Rolle am Ort ihres Mittelpunktes eine Spitze und an Stelle des Kurvenscheibenumrisses die Äquidistante dazu im Abstand des Rollenradius tritt, Abb. 30c. Selbst eine *Ecke* der Kurvenscheibe, falls ausspringend, ergibt keine sprunghafte Übersetzungsänderung, da zu einer solchen Ecke ein Kreisbogen als Äquidistante gehört. Dieser oft unerwünschte „Äquidistanteneffekt" macht sich um so mehr geltend, je größer der Rollendurchmesser ist, was bezüglich Einschränkung der Reibung aber erwünscht ist. Einen Ausweg bietet der *Rollbolzen*, Abb. 31; statt einer Rolle läuft ein mittels zweier Wälzlager im Rollennabel gelagerter Bolzen auf der Kurvenscheibe. Abb. 31 zeigt auch, wie man mit nur einem Wälzlager in Verbindung mit einem Gleitlager auskommen kann; $l/L$ muß allerdings klein gehalten werden. Vom Standpunkt der Walzenpressung ist es am günstigsten, wenn die Radien der schärfsten Kurvenscheibenrundung und des Rollbolzens einander gleich sind.

## b) Totgang

Hält man ein Ende einer zwangläufigen kinematischen Kette fest und wechselt am anderen Ende die Kraftrichtung, tritt dort durch die diversen Spiele eine Bewegung ein, der Totgang $t$, der als Strecke oder als Winkel gemessen sein kann. Er ist bei Schaltgeräten oft sehr störend und hat schon manche Konstruktion scheitern lassen. Der Einfluß eines Spieles $s$ eines Gelenks, eines Lagers, einer Verzahnung, einer Führung auf den Totgang $t$ ergibt sich wie folgt. Man denkt sich das freie Ende der Kette mit $T$ belastet, als Wattkraft oder als Wattmoment, und ermittelt die dabei im betrachteten Gelenk, Lager, der Verzahnung, der Führung bei Reibungslosigkeit auftretende Kraft $S$. Wird das Spiel $s$ durchlaufen, so leistet $S$ die Arbeit $S \cdot s$ (denn $S$ und $s$ haben stets gleiche Richtung) und zugleich $T$ die Arbeit $-T \cdot t$, so daß nach der goldenen Regel sein muß $S \cdot s - T \cdot t = 0$, woraus

$$t = s \, \frac{S}{T}. \tag{1}$$

Die Einflüsse der einzelnen Spiele addieren sich zum gesamten Totgang. Macht man das festgehaltene Ende der Kette zum freien und umgekehrt, dann ist der nunmehr festzustellende Totgang $t' = s \, \dfrac{S}{T'}$, wobei $T'$ die zur gleichen Kraft $S$ gehörende Wattkraft oder das Wattmoment am ursprünglich festgehaltenen Kettenende ist. Dividiert man $t'$ durch $t$, wird $\dfrac{t'}{t} = \dfrac{T}{T'}$.

Die Kraftübersetzung $T/T'$ der Kette ist ihre reziproke kinematische Übersetzung, somit verhalten sich die an den beiden Enden festzustellenden Totgänge wie die dazwischenliegende kinematische Übersetzung. Gemäß Gl. (1) wird der Totgang klein, wenn die unvermeidlichen Spiele in relativ schwach belasteten Gelenken, Lagern, Verzahnungen, Führungen auftreten. Dies ist um so bedeutungsvoller, da es dabei leicht ist, auch die Spielver-

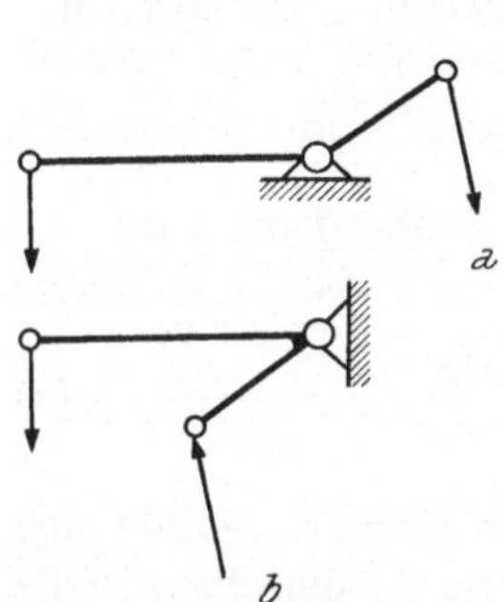

Abb. 32. Hebellagerungen mit unterschiedlichem Totgangeinfluß

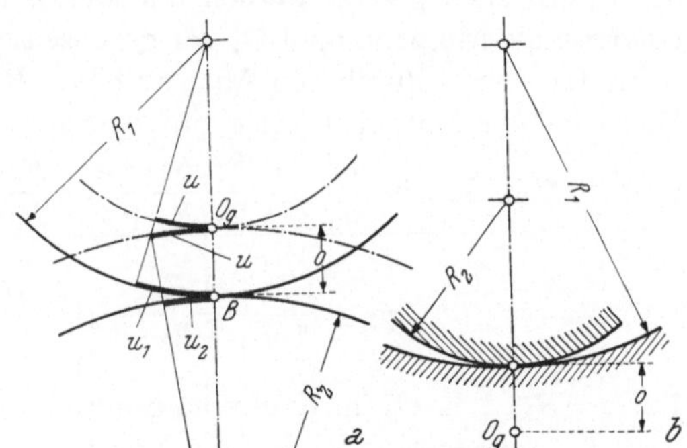

Abb. 33. Zum spezifischen Gleiten

größerung durch Abnützung im Betrieb klein zu halten. In Abb. 32 sind zwei Hebel mit gleicher Übersetzung dargestellt, wobei aber der mit a bezeichnete eine weit größere Belastung des Drehzapfens hat; bei gleichem Lagerspiel ist somit Ausführung b bezüglich Totgang die bessere, übrigens auch bezüglich Reibung.

### c) Abnützung, spezifisches Gleiten

Die Abnützungstiefe gekrümmter Flächen, die unter Druck aufeinander gleiten, wie etwa bei Kurventrieben und Schaltstücken, ist neben der Pressung, dem Werkstoff, der Schmierung, vom spezifischen Gleiten abhängig und ihm proportional.

Abb. 33a stellt zwei gegeneinander gedrückte Walzen, Radien $R_1$, $R_2$, dar, die durch Zahnräder — Teilkreise strichpunktiert — miteinander gekuppelt sind. In der Zeit, in welcher die Strecken $u$ der Teilkreisumfänge aufeinander abrollen, passiert den Walzenberührungspunkt $B$ die Strecke $u_1$ des Umfangs von Walze *1* und die Strecke $u_2$ des Umfangs von Walze *2*. Das gegenseitige Gleiten drückt sich in der Wegdifferenz $d = u_1 - u_2$ aus. Dieses Gleiten verteilt sich bei Walze *1* auf das Umfangstück $u_1$, bei Walze *2* auf $u_2$. Wo diese Stücke kleiner sind, dort ist unter sonst gleichen Umständen die Abnützungstiefe größer; daher ist diese proportional $\dfrac{d}{u_1}$ für Walze *1* und $\dfrac{d}{u_2}$ für Walze *2*. Diese Verhältniszahlen heißen das spezifische Gleiten $\gamma$. Also ist $\gamma_1 = \dfrac{d}{u_1} = \dfrac{u_1 - u_2}{u_1} = 1 - \dfrac{u_2}{u_1}$, $\gamma_2 = \dfrac{d}{u_2} = \dfrac{u_1 - u_2}{u_2} = \dfrac{u_1}{u_2} - 1$.

Dies läßt sich verallgemeinern, indem für $R_1$ und $R_2$ die Krümmungsradien der Oberflächen gesetzt werden und der Berührungspunkt der Zahnradteilkreise als Momentanpol $O_g$ der gegenseitigen Bewegung definiert wird. Seine Lage wird durch den Abstand $o$ von $B$ angegeben, s. z. B. Abb. 30. Dabei ist der Körper *1* jener, auf dessen Seite von $B$ sich $O_g$ befindet!

Gemäß Abb. 33a ist $\dfrac{u_1}{u_2} = \dfrac{u\,R_1/R_1 - o}{u\,R_2/R_2 + o} = \dfrac{R_1(R_2 + o)}{R_2(R_1 - o)}$ und damit wird

$$\gamma_1 = \frac{1/R_1 + 1/R_2}{1/o + 1/R_2}, \quad \gamma_2 = \frac{1/R_1 + 1/R_2}{1/o - 1/R_1}. \tag{2}$$

Für $o = R_1$, d. h. $O_g$ im Krümmungsmittelpunkt von Körper *1*, ergibt sich $\gamma_2 = \infty$, was verständlich ist: am Körper *2* wird stets an derselben Stelle geschliffen! Bei der Berührung eines hohlen Körpers mit einem erhabenen, Abb. 33b, ergibt sich, Körper *1* wieder wie oben festgelegt:

$$\gamma_1 = \frac{1/R_1 + 1/R_2}{1/o + 1/R_2}, \quad \gamma_2 = \frac{1/R_2 - 1/R_1}{1/o + 1/R_1}. \tag{3}$$

### d) Trägheitswirkung

Bei einer ebenen Drehung um einen festen Punkt $O$ mit der Winkelgeschwindigkeit $\omega$ und der Winkelbeschleunigung $\gamma$, s. Abb. 34, haben die Punkte des Körpers, abhängig vom Radius $r$, die radial nach innen gerichteten Beschleunigungen $r\omega^2$ und die tangential gerichteten Beschleunigungen $r\gamma$. Die auf den Körper wirkenden Kräfte haben dabei eine Resultierende $R$, deren Größe und Richtung zwar der Körpermasse $m$ und der Beschleunigung $b_s$ des Schwerpunkts $S$ entspricht, aber nicht durch ihn, sondern durch den auf der Geraden $OS$ gelegenen Punkt $T$ geht, dessen Lage — s. die Konstruktion in Abb. 34 — durch die Beziehung $OS \cdot ST = i_s^2$ gegeben ist, wobei $i_s$ der Trägheitsradius des Körpers für den Schwerpunkt ist. In den Bewegungsphasen mit großer Trägheitswirkung, also den interessierenden, ist bei Schaltgeräteteilen wohl ausnahmslos $\gamma$ ein Vielfaches von $\omega^2$, so daß bei um feste Achsen drehenden Teilen nur die Winkelbeschleunigung $\gamma$ zu berücksichtigen ist. $R$ steht dann senkrecht zur Geraden $OST$.

Hat $O$ selbst eine Beschleunigung $b_0$, so addiert sie sich geometrisch zu den Beschleunigungen $r\omega^2$ und $r\gamma$, und dementsprechend addiert sich zu $R$ eine durch $S$ gehende Kraft $\Delta R = m b_0$. Dieser Fall liegt bei der allgemeinen ebenen Bewegung, also bei wechselndem Momentanpol, vor. $b_0$ steht dabei senkrecht auf die Geschwindigkeit $u$, mit welcher der Momentanpol fortschreitet, und zwar ist $b_0 = u\omega$, wie leicht einzusehen ist; da $u \approx \omega$, ist stets $b_0 \approx \omega^2$. Bei relativ raschem Polwechsel sind daher $b_0$ und $\Delta R$ nicht vernachlässigbar, auch wenn $\omega^2$ klein gegen $\gamma$ ist. Diesem Fall wird man bei den Wälzkontakten begegnen.

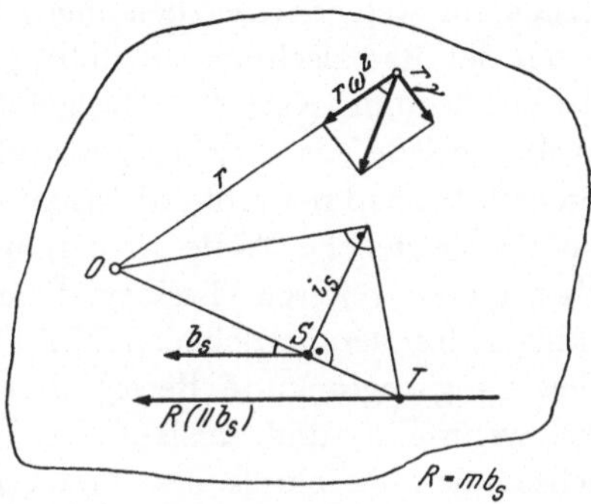

Abb. 34. Zur Dynamik der ebenen Bewegung

## e) Aussetzgetriebe

Bei Aussetzgetrieben treibt die treibende Welle nur während periodisch wiederkehrender Winkelbereiche die getriebene an, dazwischen steht die getriebene Welle still. Das verbreitetste Aussetzgetriebe ist das Malteser-

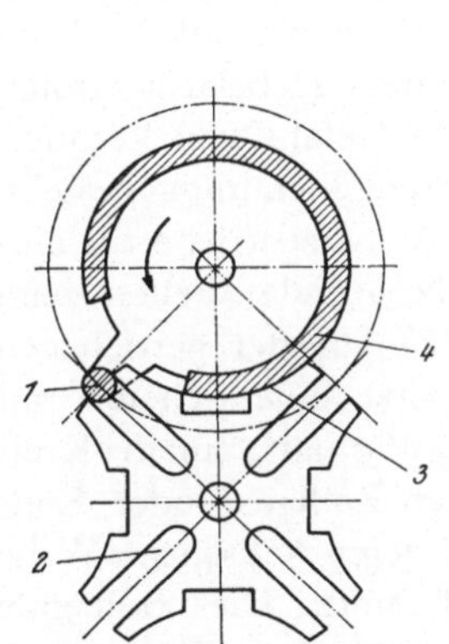

Abb. 35. Maltesergetriebe

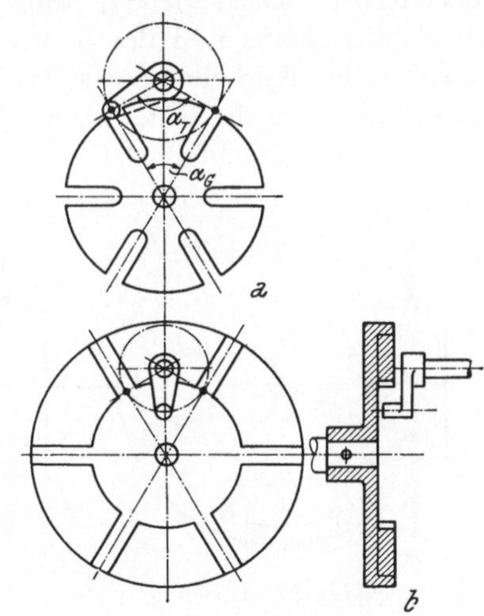

Abb. 36. Maltesergetriebe

getriebe, Abb. 35. Treibende und getriebene Welle sind hier parallel. Auf ersterer sitzt eine Kurbel mit einem Zapfen, Treiber *1* genannt. Er ist meist mit einer Rolle versehen oder als Rollbolzen ausgebildet. Auf der ge-

triebenen Welle sitzt eine Scheibe mit gleichmäßig verteilten Radial-
schlitzen *2*; in Abb. 35 sind es vier, und zwar ist der Augenblick festgehalten, in welchem bei der angegebenen Drehrichtung der Treiber *1* in
einen der Radialschlitze einzudringen und damit die getriebene Welle zu
drehen beginnt. Nach 90° Drehwinkel der treibenden und der getriebenen
Welle verläßt der Treiber den Schlitz wieder und letztere kommt zum
Stehen. Gemäß der Abb. 35 macht die treibende Welle 3/4 Umdrehungen,
bis die getriebene Welle wieder in Bewegung gesetzt wird. Ordnet man
aber einen weiteren Treiber diametral an, dann vergeht während des
Stillstandes der getriebenen Welle nur 1/4 Umdrehung der treibenden.
Bewegungsbeginn und Bewegungsende der getriebenen Welle sind stoß-
los, wenn Ein- und Auslauf des Treibers dort erfolgen, wo die Schlitz-
achsen den Bahnkreis des Treibermittelpunktes tangieren. In Abb. 36a
hat das Malteserrad sechs Schlitze, entsprechend 60° Schrittwinkel $\alpha_G$ der
getriebenen Welle. Bei stoßlosem Arbeiten ist dann der Schrittwinkel $\alpha_T$
der treibenden Welle 120°, oder allgemein $\alpha_T + \alpha_G = 180°$. Das gilt für
Außenmaltesergetriebe. Das Schema von Innenmaltesergetrieben zeigt
Abb. 36b. Bei ihnen ist $\alpha_T - \alpha_G = 180°$ für stoßloses Arbeiten, welches
immer anzustreben ist.

Meist ist es nötig, die getriebene Welle zu sperren, während der Treiber
außer Eingriff ist, damit sie nicht durch Erschütterung oder sonstwie
verstellt wird. Dazu dienen, Abb. 35, die kreisförmigen Begrenzungen *3*
der Schlitzscheibe und der in der gleichen Ebene gelegene Rand *4*, zu
welchem das Kurbelblatt des Treibers ausgestaltet ist. Die vereinfachte
Ausführung ohne die Unterbrechungen in *3* und dafür mit 270° Erstreckung
von *4* hat den Nachteil, daß die Sperrung gegen Ende mit auf Null abnehmendem Hebelarm erfolgt, wodurch Gefahr von Verquet-
schung und Klemmung besteht.

Ein Aussetzgetriebe für einander kreuzende Wellen zeigt
Abb. 37. Auf der getriebenen
Welle sitzt eine Scheibe mit
gleichmäßig auf einem Kreis
verteilten Rollen *1* oder Rollbolzen, deren Achsen zur Welle
parallel sind. Die treibende
Welle trägt eine Trommel *2*,
die eine Nut *3* eingearbeitet

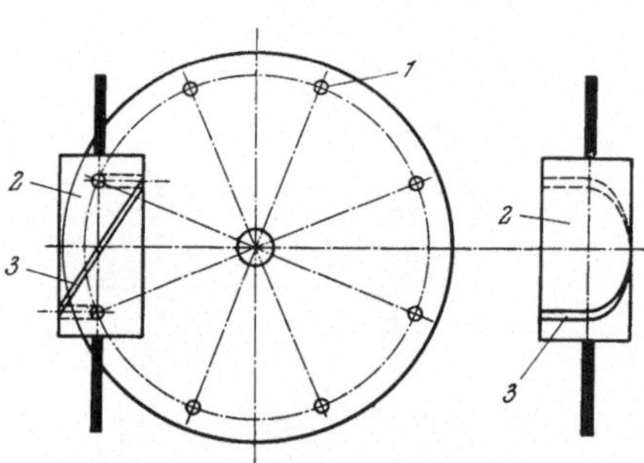

Abb. 37. Aussetzgetriebe

hat, in welche bei Drehung der treibenden Welle der Reihe nach die Rollen
*1* eintreten und wieder austreten, da die Nut frei auslaufende Enden hat.
Die Nutachse besteht gewöhnlich aus zwei frei auslaufenden Viertel-
Parallelkreisen, die durch die Hälfte einer ebenen schiefen Schnittlinie des

Nutzylinders, also einer Halbellipse, untereinander verbunden sind. Während einer halben Drehung des Nutzylinders, entsprechend den beiden Viertel-Parallelkreisen, steht die getriebene Welle still und ist gesperrt, während der ergänzenden halben Drehung des Nutzylinders bewegt sich die getriebene Welle um eine Rollenteilung.

# II. Kontaktanordnungen

Bei Schaltkontakten ist zwischen reinen Druckkontakten, Gleitkontakten und Rollkontakten zu unterscheiden, je nach der Relativbewegung der Schaltstücke von ihrer ersten Berührung bis zur nächsten Trennung, und zwar ruhen dabei die Schaltstücke bei den reinen Druckkontakten, gleiten aufeinander bei den Gleitkontakten, rollen aufeinander bei den Rollkontakten.

## A. Reine Druckkontakte

Sie vermeiden die mechanische Abnützung, sind also für große Schalthäufigkeit sehr geeignet, setzen im allgemeinen jedoch Schaltstückmaterialien mit geringer Fremdschichtbildung voraus, vgl. Abschn. I B. Das Hauptgebiet der reinen Druckkontakte sind Schütze bis etwa 100 bis 200 A und die sogenannten Nockenschalter. Diese enthalten meist mehrere untereinander gleiche Schaltelemente, die durch Nockengetriebe betätigt werden, wobei die nebeneinander angeordneten Nockenscheiben die sogenannte Nockenwalze bilden. Als Nockenschalter werden heute nicht nur Kontroller für Krane und elektrische Triebfahrzeuge, sondern auch nach dem Baukastensystem für Strombereiche von 6 bis 100 A die in großen Mengen gebrauchten Steuerschalter, Ein- und Ausschalter, Umschalter, Sterndreieckschalter, Polumschalter für Motoren usw. gebaut. Von den seltenen Fällen abgesehen, in denen durch den Kurventrieb sowohl das

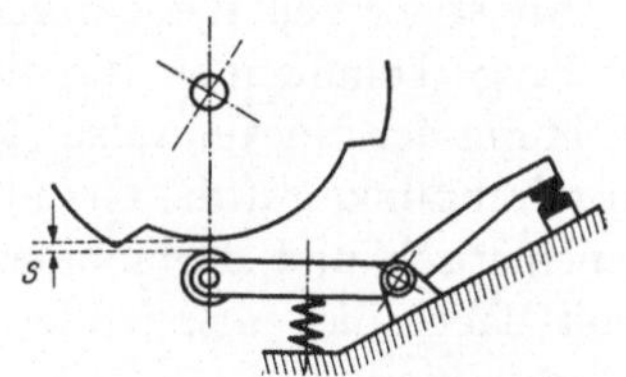

Abb. 38. Nockenschalter

Ein- als auch das Ausschalten paarschlüssig erfolgt, ist bei Nockenschaltern die Anordnung stets so getroffen, daß, Abb. 38, eine Feder schließend wirkt, die Nockenscheibe dagegen öffnend. Der Grund dafür ist nicht nur die einfache Anordnung, sondern hängt damit zusammen, daß bei den meisten Schaltprogrammen Schaltelemente vorkommen, die, damit kein Kurzschluß entsteht, nicht gleichzeitig geschlossen sein dürfen. Bei der beschriebenen Anordnung ist das auch beim Verschweißen von Schaltstücken gewahrt, denn entweder wird die Verschweißung beim kräftigen Weiterdrehen der Nockenwalze zerstört oder letzteres und damit das Schließen des „feindlichen" Elements unterbleibt. Anders wäre es, wenn die Nockenscheibe schließend und eine Feder öffnend wirkt. Wichtig ist das in Abb. 38 mit $s$ bezeichnete Spiel. Von ihm hängt die größte zulässige Abnützung der Schaltstücke ab.

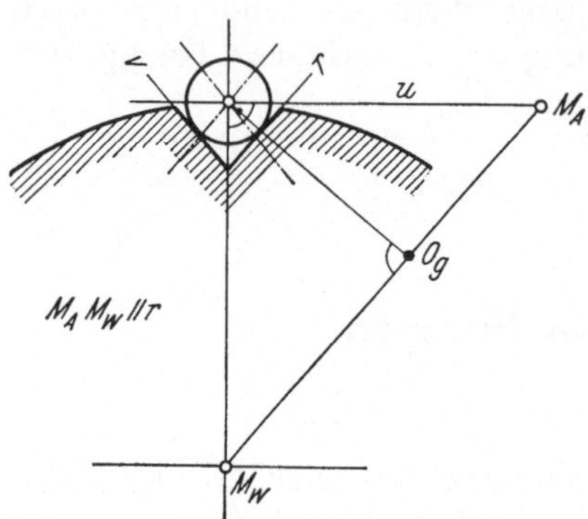

Abb. 39. Ausbildung der Nockenflanken

Wenn es sich auch bei Abb. 38 prinzipiell um reine Druckkontakte handelt, kann bei verhältnismäßig großem Spiel in der Lagerung des Schaltarmes eine Reinigungsbewegung der Schaltstücke entstehen, die, wenn auch gering, für manche Fälle ausreicht, Schaltstücke aus Kupfer zu verwenden. Solche haben auch tatsächlich die meisten Nockenkontroller. Nur jene drei bis vier Schaltelemente von Straßenbahn-Nockenfahrschaltern, welche in dem bei der Initialerregung der Kurzschlußbremse geschlossenen Stromkreis liegen, haben angesichts der Remanenzspannung der Fahrmotoren von nur wenigen Volt und der Gefährlichkeit von Bremsversagern Schaltstücke mit Silberauflage. Die Belastungsrichtung im Schaltarmgelenk wechselt, je nachdem die volle Kontaktkraft besteht oder gerade aufgehoben ist, der Schaltarm verlagert sich dabei nach Maßgabe des Lagerspieles, was mit einer Bewegung des Schaltstückes in geschlossenem Zustand einhergeht.

Meist werden die Nockenflanken gerade ausgeführt, Abb. 39. Beiden in Frage kommenden Richtungen $v$ und $r$ gibt man gegen die Umfangsrichtung der Nockenwalze gleiche Neigungen. Dann muß man den Schaltarmdrehpunkt auf die Gerade $u$ der Zeichnung legen, damit beide Flanken kinematisch und drehmomentmäßig gleichwertig sind, vgl. Abschn. I F. Soll dabei die auftretende Flankenkraft bei gleichem Drehmoment ein Minimum werden, muß die eine der beiden Flankenrichtungen parallel zur Verbindungsgeraden Armdrehpunkt $M_A$—Nockenwalzendrehpunkt $M_W$ liegen.

Die Stellung der Nockenwalze bei Kontaktbeginn bzw. Kontaktende hängt vom Abnützungszustand der Schaltstücke ab. Dies ist beim Entwurf der Schaltwalze zu berücksichtigen. Zwei „feindliche" Schaltelemente, die mit neuen Schaltstücken richtig zusammenarbeiten, tun dies auch bei abgenützten. Es gibt aber gewöhnlich auch Paare von Schaltelementen, von denen beide nicht gleichzeitig geöffnet sein dürfen, damit nicht die Gesamtleistung unterbrochen wird. Die Überdeckung des Geschlossenseins verringert sich mit der Kontaktabnützung an jedem der beiden Elemente.

Besonders bei Hand- oder bei Fußantrieb sind Drehmomentspitzen an der Nockenwalze sehr störend und zu vermeiden, d. h. es sollen nicht mehr als zwei Schaltelemente gleichzeitig zu öffnen oder zu schließen sein. Manchmal muß ein elektrisch totes Schaltelement angebracht werden, das nur zwecks Drehmomentausgleich passend geöffnet und geschlossen wird. Dieser Ausgleich kann schon wegen des „Äquidistanteneffekts" nicht genau sein und wird auch durch Schaltstückabnützung gestört.

## B. Gleitkontakte

Mit Gleitkontakten lassen sich, man denke an die Walzen- und an die Flachbahnschalter, verwickeltere Schaltprogramme dadurch vereinfacht verwirklichen, als ein gefedertes Schaltstück, der sogenannte Finger, auf ein Schaltstück aufgleiten, in Fortsetzung dieser Bewegung wieder abgleiten und auf ein anderes Schaltstück aufgleiten kann usw. Während der Bewegung bei geschlossenem Kontakt sind die Gleitkontaktanordnungen nichts anderes als Kurventriebe, bei denen Teile der Schaltstückoberfläche die zusammenarbeitenden Kurven darstellen. Getriebemäßig entspricht die Abb. 30 dem Walzenschalter. Durch kinematische Umkehrung, bei welcher das System der einen Kurve bzw. Welle festgehalten und dafür der gemeinsame Lagerkörper der Wellen $I$ und $II$, der sogenannte „Steg", bewegt wird, erhält man im Prinzip die gebräuchliche Wälzkontaktanordnung, wie sie in Abschn. II B c behandelt ist. Auch wenn die großen Schaltungsmöglichkeiten der Gleitkontakte nicht ausgenützt werden, werden sie angewendet, etwa zwecks Zerstörung starker Fremdschichten auf Schaltstücken oder weil bei Gleitkontakten eine ausschaltende Wirkung ohne weiteres vermieden werden kann oder weil sie sich verhältnismäßig einfach kurzschlußfest gestalten lassen.

### a) Walzenschalter

Ihr Schaltprogramm wird in der sogenannten Abwicklung verfolgt. Der Walzenumfang wird in die Ebene abgewickelt gezeichnet, wobei die leitenden Teile und ihre elektrischen Verbindungen hervorgehoben sind. Die auf der Walze schleifenden Finger werden durch Punkte angedeutet, die gegen die fest gedachte Abwicklung verschoben werden. Die Finger liegen in der Regel auf eine oder zwei zur Walzenachsen parallele Gerade verteilt, wobei auf Zugänglichkeit und auf das Anschließen zu achten ist. Abb. 40 zeigt in der Abwicklung die Verwirklichung eines einfachen Schaltprogramms, die Drehrichtungsumkehr eines Hauptstrommotors, und zwar in zwei Varianten: mit vier Fingern auf einer Geraden bzw. mit je zwei Fingern auf zwei diametralen Geraden.

Im allgemeinen vermeidet man, die Beläge in eine Isolierstoffwalze einzulassen und damit die Finger auf einer Oberfläche von Isolierstoff schleifen zu lassen, weil dabei durch den metallischen Abrieb leitende Bahnen ent-

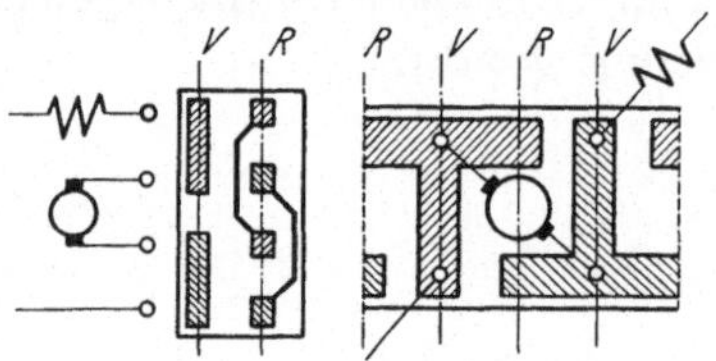

Abb. 40. Schaltwalzenabwicklungen

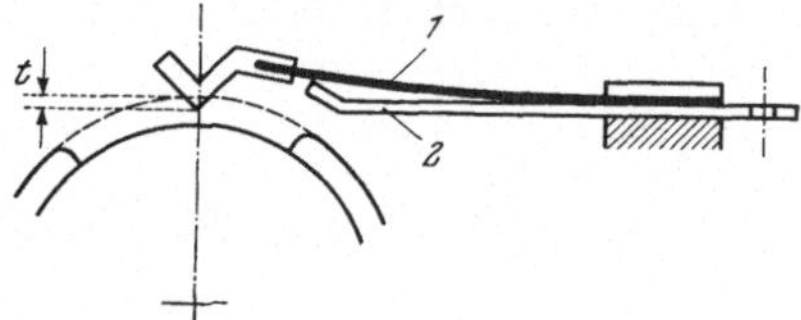

Abb. 41. Schaltwalze und Finger

stehen und eventuelle Lichtbögen nahe von Isoliermaterial brennen und es beschädigen können. Man läßt daher die Finger in die Zwischenräume der Beläge einfallen, ohne das Isoliermaterial zu berühren, Abb. 41. Dabei muß die Kontaktkraftfeder $1$ des Fingers, hier eine Blattfeder, schon vorgespannt sein, wozu Anschlag $2$ dient, der bei Blattfederfingern möglichst nahe dem Fingerschaltstück sein soll. Die noch zulässige Abnützung der Schaltstücke bleibt kleiner als die Einfalltiefe $t$, welche manchmal einstellbar ist.

Besonders bei durch Lichtbogeneinwirkung rauhen Oberflächen ist das Auflaufen der Finger auf die Beläge erschwert und es kann bis zur Selbsthemmung kommen. Gefährdet diesbezüglich sind besonders Finger mit Parallel-Gleitführung, Abb. 42. Außer der gegebenen Federkraft $F$ wirken auf das Bewegliche die Kontaktkraft $K$ und die Führungskräfte $W_1$ und $W_2$. Die letzteren drei Kräfte sind gegen die bezüglichen Berührungsnormalen um Reibungswinkel $\varrho$ geneigt. Eine Betrachtung der Momente der Kräfte um den Schnittpunkt $O$ von $W_1$ und $W_2$ läßt die Bedingung dafür erkennen, daß keine Selbsthemmung auftritt: $K$ und $F$ müssen in entgegengesetztem Sinn um $O$ drehen (andernfalls müßte statt der abwärts wirkenden Feder eine Kraft nach aufwärts wirken, damit der Finger aufläuft!). Mit den Hebelarmen $k$ und $f$ in bezug auf $O$ der Abb. 42 wird aus $K \cdot k - F \cdot f = 0$ die Kontaktkraft berechnet. Soll die Ausbildung der Kontaktöffnung und das Auflaufen des Fingers für beide Walzendrehrichtungen unter den gleichen Verhältnissen stattfinden, ist die Führungsrichtung durch das Walzenmittel zu legen und zu ihr der Finger symmetrisch zu gestalten.

Weniger durch Reibung gefährdet ist das Auflaufen bei drehbaren Fingern, weswegen sie trotz höheren Platzbedarfs bei Walzenschaltern vorwiegend in Gebrauch sind. Den drehbaren Fingern können auch die mit Blattfedern zugerechnet werden. Der Drehpunkt des Fingerschaltstücks beim Auflaufen läßt sich anknüpfend an den Schluß von Abschn. I D ermitteln: Er ist der Schwerpunkt $S$ der Blattfeder, wenn man sich diese je Längeneinheit proportional dem Abstand von der Wirkungslinie der Kontaktkraft $K$ belegt denkt.

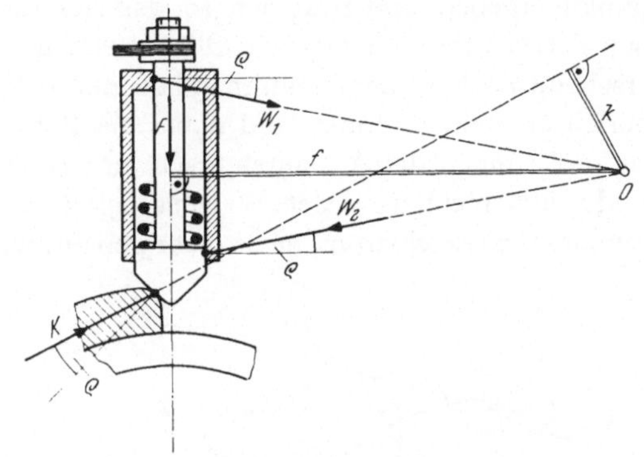

Abb. 42. Kontaktfinger

Bei Strömen, die nicht mehr durch die Blattfeder geleitet werden können, sondern ein besonderes Stromband erfordern, werden die Finger heute meist mit einem primitiven Gelenk gebaut und durch Schraubenfeder belastet, Abb. 43. Derartige Finger werden bis etwa 200 A ausge-

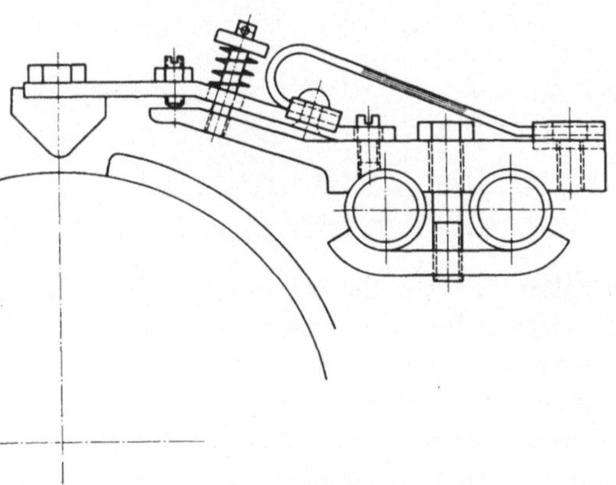

Abb. 43. Kontaktfinger

bildet; durch Parallelschalten läßt sich die Gesamtstromstärke vervielfachen. Die Einfalltiefe ist bei dem Finger nach Abb. 43 einstellbar. Für beide Walzendrehrichtungen sind die Verhältnisse der Ausbildung der Kontaktöffnung die gleichen, wenn die Symmetrale der beiden Flanken des Fingers durch den Walzendrehpunkt geht. Abb. 44 zeigt, wohin der Fingerdrehpunkt $O$ zu legen ist, damit das Auflaufen in beiden Drehrichtungen unter gleichen Verhältnissen erfolgt. Demgemäß ist auch der Reibungswinkel, der zur Selbsthemmung beim Auflaufen führt, für beide Drehrichtungen der Walze der gleiche, und zwar Winkel $\varrho$ der Abbildung. Verlegt man den Drehpunkt von $O$ nach $O'$, wächst der Grenz-Reibungswinkel für die angedeutete Drehrichtung von $\varrho$ auf $\varrho'$ und verringert sich für die entgegengesetzte Drehrichtung von $\varrho$ auf $\varrho''$. Diese Erkenntnis wird beim Kippfinger, Abb. 45, dahin ausgenützt, daß sich bei ihm in Abhängigkeit von der Walzendrehrichtung zwei verschiedene Fingerdrehpunkte ergeben, und zwar stets so, daß sich die Verhältnisse wie in Abb. 44 bei Verrückung von $O$ nach $O'$ verbessern. Der Vorteil des Kippfingers erscheint noch größer, wenn man bedenkt, daß durch Lichtbögen Schmelzperlen entstehen können und dabei die Berührungsnormale zwischen Belag und Finger, das Auflaufen erschwerend, flacher wird.

Im allgemeinen werden Walzenschalter für große Schaltleistungen, besonders für Gleichstrom, nicht mehr gebaut, während früher z. B. alle Fahr-

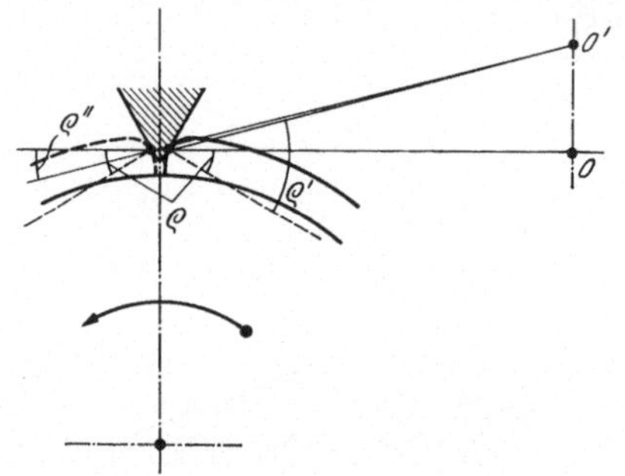

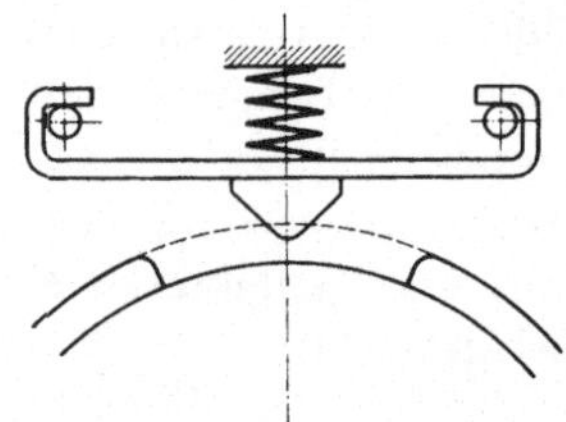

Abb. 44. Reibungseinfluß bei drehbaren Kontaktfingern         Abb. 45. Kippfinger

schalter für Straßenbahnwagen und auch für stärkere Triebfahrzeuge Walzenschalter waren. Sie lösten ihre Aufgabe durch Vielfachunterbrechung, sorgfältig durchgebildete magnetische Löschung und Scheidung der einzelnen Schaltstellen voneinander durch lichtbogenfeste isolierende „Fächerplatten" befriedigend. Jene in Abschn. II A erwähnten, hauptsächlich Wechselstrom schaltenden Geräte im Strombereich von 6 bis 100 A, die heute meist als Nockenschalter gebaut werden, gibt es noch als Walzenschalter, wobei in sehr geschickter Weise auch die Schaltwalzen nach dem Baukastensystem aus Isolier-, Belag- und elektrisch verbindenden Teilen zusammengesetzt sind. Das Hauptanwendungsgebiet von Walzenschaltern sind heute, außer solchen für Steuerströme, stromlos und nicht häufig schaltende Geräte (oder Gruppen für solche) bis zu einigen hundert Ampere, wie Wendeschalter und Fahrt-Brems-Umschalter für elektrische Triebfahrzeuge, die Umschaltwalze und die Fahrt-Brems-Walze von Straßenbahnfahrschaltern sowie kleinere Drehstrom-Krankontroller, die verhältnismäßig kleine Leistungen zu schalten haben.

Für in Massen erzeugte Walzenschalter wird der Isolierkörper der Walze aus Formstücken aus Keramik oder Kunstharz gebildet; die aus Flachmaterial, meist Messing, gebogenen Beläge sind vielfach schraubenlos befestigt. Für größere Ausführungen werden die Beläge mit Senkschrauben auf Hartpapierrohre geschraubt, die ihrerseits auf mit der Welle verstifteten Nabenstücken befestigt werden. Die Mutterstücke der Belagbefestigungsschrauben können als elektrische Verbindungen von Belagteilen untereinander ausgestaltet werden; diesfalls die Gewinde und den Belag mit dem Schraubenkopf verlöten! Nach dem Zusammenbau wird die Belagoberfläche, eventuell samt den Schraubenköpfen, überdreht. Man findet auch noch Walzen aus im Vakuum imprägniertem Holz mit durch Holzschrauben befestigten Belägen, deren Verbindungen in Kanälen liegen, die durch Einleimen von Holzteilen abgedeckt werden. Bei größerer Schaltleistung zieht man eine Walzenbauart vor, bei welcher Belagteile ein und desselben Potentials mittels Senkschrauben auf Rippen eines gemeinsamen Gußstücks geschraubt werden. Diese Stücke sind auf eine mit Hartpapier umpreßte Vierkant- oder Sechskantwelle geklemmt. Die Gußstücke fallen dabei oft recht verwickelt aus, weil nahe beieinanderliegende Belagteile oft verschiedenes Potential haben. Diese Bauart ermöglicht, zwischen die Rippen tief hineinreichende Isolierplatten anzubringen, was bei leistungsschaltenden Geräten erforderlich ist. Bei solchen werden die Belagenden vielfach als auswechselbare besondere Abbrennstücke ausgebildet. Bei größeren Stromstärken muß sowohl der Belag als auch das Fingerschaltstück aus Kupfer bestehen, welche Paarung schlechte Gleiteigenschaften hat; hier ist Schmierung unerläßlich, für welche man auch schon Schmierkissen angewendet hat.

### b) Flachbahnschalter

Die von den Fingern bestrichenen Stellen der Schaltstücke berühren bei den Flachbahnschaltern eine Ebene. Die Fingerträger drehen sich um eine zur genannten Ebene senkrechte Achse oder werden bei den sogenannten Schlittenschaltern geradlinig bewegt. Naturgemäß ist vieles über Walzenschalter Gesagte sinngemäß für Flachbahnschalter gültig. Als solche werden die meisten Anlasser und Regler ausgeführt.

Diese sind im Prinzip Stufenschalter, deren Kennzeichen ist, daß sie der Reihe nach jeweils einen (oder zwei benachbarte) von aufeinanderfolgenden Punkten, vorwiegend Anzapfungen eines Widerstandes oder einer Wicklung, mit ein und demselben Sammelpunkt elektrisch verbinden. Bei Anlassern und Reglern mit angezapften Widerständen wird die unerwünschte völlige Stromunterbrechung einfach dadurch vermieden, daß der Finger, wenn er von einem Schaltstück

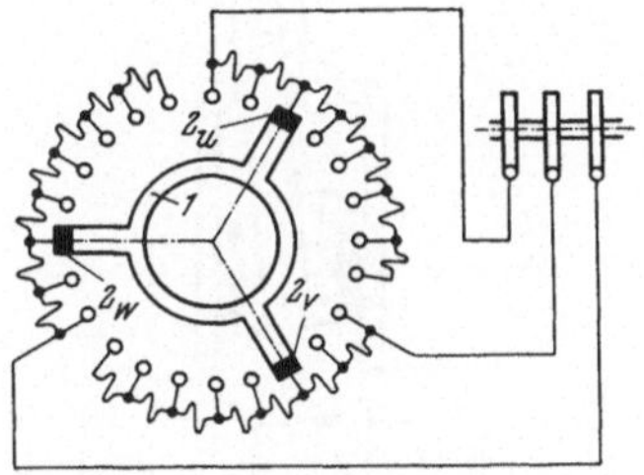

Abb. 46. Läuferanlasser für Drehstrommotor

abgleitet, bereits das benachbarte berührt. Abb. 46 zeigt das Schema eines Läuferanlassers für einen Drehstrommotor. An den Enden des drehbaren

Sternes *1* sitzen die Kontaktfinger $2_u$, $2_v$, $2_w$, die elektrisch untereinander zum Sternpunkt verbunden sind. Bei großer Stufenzahl und kleinen Strömen, wie häufig bei Reglern, werden die Anzapfschaltstücke in zwei Reihen, gegeneinander versetzt, angeordnet, Abb. 47a. Der drehbare Arm *1* trägt die elektrisch miteinander verbundenen Finger *2, 3, 4*, welche die äußere bzw. die innere Schaltstückreihe bzw. den Sammelring *5* bestreichen. Das Schema eines als Schlittenschalter ausgebildeten Reglers zeigt die Abb. 47b, welche die gute Raumausnützung infolge Fehlens der Sammelschiene und des entsprechenden Fingers erkennen läßt. Die Finger bei Flachbahn-Anlassern und -Reglern sind meist Blattfederfinger mit quer zur Bewegung

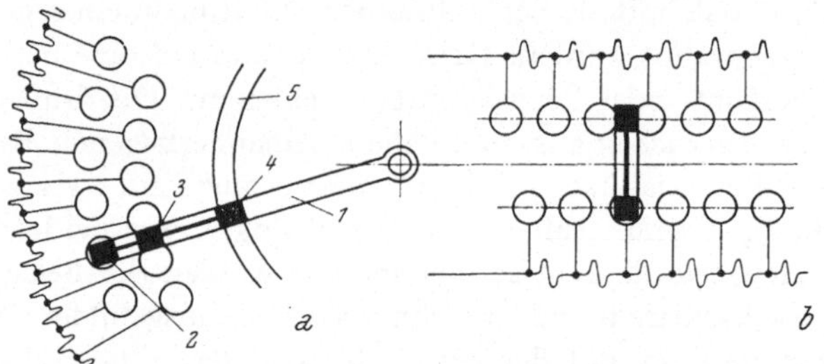

Abb. 47. Flachbahn-Stufenschalter

liegender Feder oder Finger nach Art von Abb. 42 oder, besonders bei großen Strömen vorteilhaft, Kippfinger nach Abb. 45. Bei vielstufigen Reglern ist eine Rastenwirkung, wie sie manche Finger haben, unerwünscht und hier auch nicht erforderlich, weil Strom und Wiederkehrspannung (s. Abschn. VII) an der Grenze der Lichtbogenexistenz liegen. Dennoch ist es bedenklich, wenn größere Flächen von Finger und Gegenschaltstück mit winzigem Abstand einander gegenüberstehen. Eine Anordnung, bei der das vermieden ist und die dennoch nur geringfügige Rastwirkung hat, zeigt die Abb. 48. Man erkennt, wie der Finger vermöge des Spiels in der oberen Führung vor dem Auflaufen auf das Schaltstück ganz wenig einsinkt und nie drucklos über einem Schaltstück stehen kann.

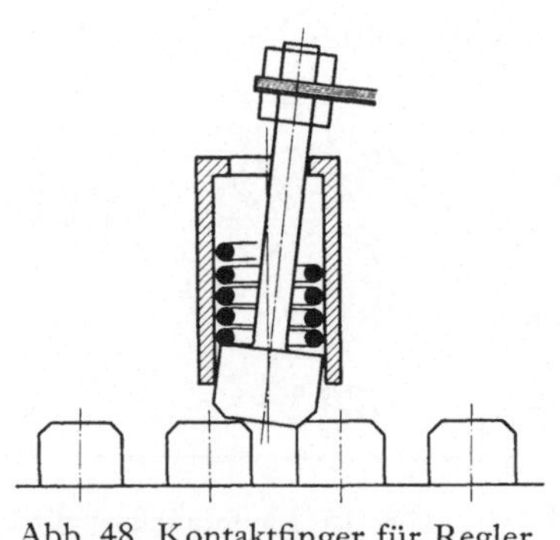

Abb. 48. Kontaktfinger für Regler

Für die Anzapfung von induzierten Wicklungen und Akkumulatorenbatterien bestimmte Stufenschalter dürfen benachbarte Anzapfungen nicht überbrücken, um keine Kurzschlüsse zu bilden. Um dennoch den Außenstrom nicht zu unterbrechen (was neben betrieblichen Nachteilen auch den des Auftretens großer Schaltleistungen hätte), gibt es verschiedene Anordnungen, die fast stets so arbeiten, daß die hier nötigen zwei Stufenschalter, Wähler genannt, stromlos schalten und sogenannte Lastschalter das Schalten von Leistung übernehmen. Bei den ortsfesten Transformator-Regeleinrichtungen sind die Wähler im Öl des Transformators untergebracht, die Lastschalter arbeiten ebenfalls unter Öl, das aber von dem des

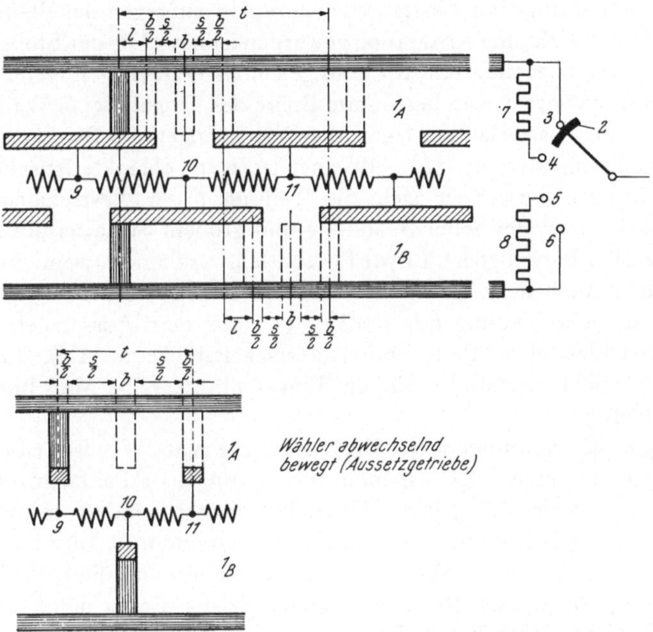


Abb. 49. Transformator-Regeleinrichtung

Transformators getrennt ist, und sind als Sprunglastschalter gebaut, d. h. sie werden nicht direkt vom Antrieb bewegt, sondern dieser spannt Federn für die Bewegung der Lastschalter und gibt sie erst in passenden Augenblicken frei. Solcherart kann es bei Störungen im motorischen Antrieb oder bei schlechter Betätigung von Hand zu länger dauernden kritischen Stellungen der Lastschalter nicht kommen. Aus Abb. 49 geht die Schaltung einer derartigen Einrichtung und ihre Funktion hervor. Statt als Schlittenschalter sind die Wähler allerdings meist als mit im Kreis angeordneten Festschaltstücken ausgeführt. Jede zweite der Wicklungsanzapfungen ist zum Wähler $1_A$ geführt, die dazwischen liegenden sind an den Wähler $1_B$ angeschlossen. Der Lastschalter hat einen Kontaktarm, dessen Schaltstück $2$ vier Festschaltstücke $3$, $4$, $5$, $6$ der Reihe nach bestreicht, je zwei davon überbrückend. $7$ und $8$ sind ohmsche Widerstände. Beim gezeichneten

Zustand ist die Anzapfung *9* die gerade wirksame. Wenn nunmehr der Lastschalter im Pfeilsinn in die strichliert gezeichnete Stellung gesprungen ist, ist Anzapfung *10* die wirksame geworden. Beim Übergang ist der Außenstrom nie unterbrochen, und vermöge der Widerstände *7, 8* ist ein Kurzschluß der zwischen *9* und *10* liegenden Wicklung vermieden. Bei verharrendem Lastschalter bewegen sich beide Wähler weiter, und erst wenn der Finger von Wähler $1_A$ das zur Anzapfung *11* gehörige Schaltstück erreicht hat, springt der Lastschalter, nunmehr entgegen der Pfeilrichtung, worauf *11* die wirksame Anzapfung geworden ist usw. Die der Stoßspannung zwischen zwei benachbarten Anzapfungen eines Wählers genügende Schlagweite sei *s*, die vom Strom bestimmte Breite des Fingers sei *b*. Während des Springens des Lastschalters legen die Wählerfinger die Strecke *l* zurück. Bei Verfolgung der in Abb. 49 angedeuteten charakteristischen Zwischenstellungen berechnet sich die Teilung *t* der Festschaltstücke zu $t = 2 \cdot (2b + l + s)$. Bei hoher Spannung und großem Strom ergibt sich daraus ein großer Raumbedarf. Er wird wesentlich verkleinert, wenn durch Aussetzgetriebe die beiden Wähler abwechselnd bewegt werden, denn dann ist die erforderliche Teilung nur $t = 2b + s$. Dank dem Aussetzgetriebe ist *l* hier vernachlässigbar. Statt breiter Festschaltstücke in Abb. 49 können diese auch schmäler und dafür die Finger um dasselbe Maß breiter ausgeführt werden.

Analoge Einrichtungen für die Steuerung von Wechselstrom-Triebfahrzeugen (besonders Hochspannungssteuerungen) arbeiten in der Regel etwas anders, meist mit keinem Sprunglastschalter, sondern mit zwei vom Antrieb mittels Kurventriebes zwangläufig bewegten, in Luft schaltenden Lastschaltern, etwa nach Abb. 50. Dafür ist maßgebend die bei der großen Schalthäufigkeit nötige Revisionsmöglichkeit der Lastschalter, anderseits die 20 kV nicht übersteigende Spannung gegen Erde sowie daß die erhöhte Prellneigung des Sprunglastschalters in Luft schwerer als in Öl beherrscht

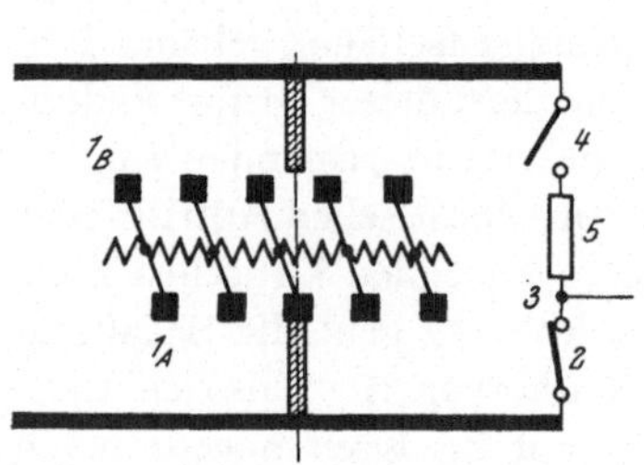

Abb. 50. Transformator-Regeleinrichtung

werden kann. Die Anordnung nach Abb. 50 ist vom Akkumulatorenzellenschalter her bekannt. Jede Wicklungsanzapfung ist zugleich zu zwei Wählern $1_A$ und $1_B$ geführt, Haupt- bzw. Nebenwähler genannt. Vom Sammelstück des Hauptwählers geht es über den Hauptlastschalter *2* zum Anschlußpunkt *3* des Außenkreises und vom Sammelstück des Nebenwählers über den Nebenlastschalter *4* und den Überschaltwiderstand *5* ebenfalls zu *3*.

Es müssen auch bei Totgang die folgenden Bedingungen erfüllt sein. Damit der Außenstrom nicht unterbrochen wird, müssen beide Lastschalter auch bei abgenützten Schaltstücken zumindest einen Augenblick lang gleichzeitig geschlossen sein. Damit Lastschaltungen an den Wählern vermieden werden, muß der Finger des Haupt-(Neben-)Wählers nach dem Öffnen des Haupt-(Neben-)Lastschalters auch bei neuen Schaltstücken noch so lange Kontakt geben, bis der Lichtbogen sicher gelöscht ist, also etwa zwei Halbwellenzeiten hindurch. Damit der Widerstand 5 nur übergangsweise belastet ist, darf die Einrichtung nur in solchen Stellungen verharren, in denen der Nebenlastschalter noch eine gewisse Mindestöffnung hat. Auch bei der eben beschriebenen Anordnung ist durch abwechselnde statt gleichzeitige Bewegung der beiden Wähler, also mittels Aussetzgetrieben, eine wesentliche Raumersparnis erzielbar.

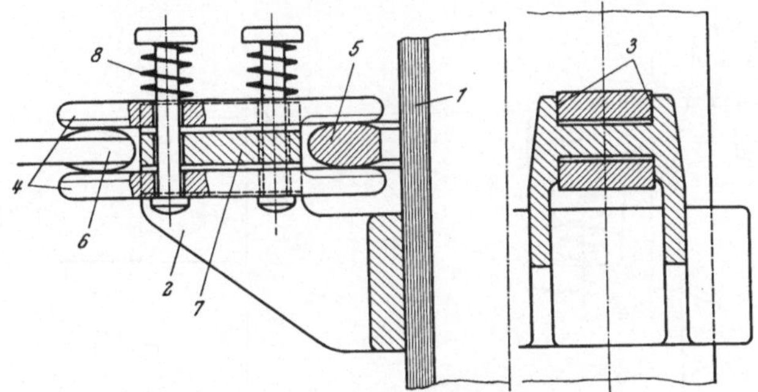

Abb. 51. Doppelfinger

Bei den Transformator-Regeleinrichtungen ist mit großen Kurzschlußströmen zu rechnen, und die Wählerkontakte sollen kurzschlußfest sein. Dazu verwendet man Doppelfinger entsprechend Abb. 51. Auf der drehbaren Hartpapierwelle 1 sitzt Arm 2, welcher Führungsflächen 3 für die Mitnahme von zwei Fingern 4, 4 hat. Die inneren Fingerenden gleiten dauernd auf dem feststehenden Sammelring 5, die äußeren laufen auf die im Kreis angeordneten Festschaltstücke 6 auf und wieder davon ab, wobei der Steg 7 die Einfalltiefe begrenzt. Die Kontaktkraft wird, gemeinsam für beide Finger, durch die die Bolzen 8 umgebenden Federn aufgebracht. Die Bolzen 8 legen die Finger in radialer Richtung fest.

### c) Wälzkontakte

In der schematischen Abb. 52 bedeutet 1 das feste Schaltstück, 2 das bewegliche Schaltstück, welches durch das Gelenk G mit dem drehbaren Schaltarm 3 verbunden ist und 1 in B berührt. Zwischen 2 und 3 ist die Kontaktkraftfeder 4 wirksam. Die Bewegung zwischen 2 und 3 ist durch die Anschläge 5, 5 begrenzt. Die Schaltstückoberflächen haben große Krümmungsradien. Der mit O bezeichnete Punkt ist der Momentanpol des beweglichen Schaltstückes und es gleitet bei der Bewegung des Schaltarmes im Pfeilsinn, der Einschaltbewegung, in der angegebenen Richtung mit der Geschwindigkeit $v_B$ auf dem festen Schaltstück, die mit der Geschwindigkeit $v_G$ des Gelenkpunktes $G$ durch die Beziehung $v_B : v_G = OB : OG$ zusammenhängt. Entsprechend der Richtung von $v_G$ und dem Reibungswinkel $\varrho$ ist die Kontaktkraft $K$ eingezeichnet, die bei langsamer Bewegung, also statisch, aus der Federkraft $F$ durch eine Momentengleichung bezüglich $G$ zu berechnen ist. Dreht man den Schaltarm im Ausschaltsinn, wandert der Berührungspunkt rasch nach außen, bis die Anschläge 5, 5 einander be-

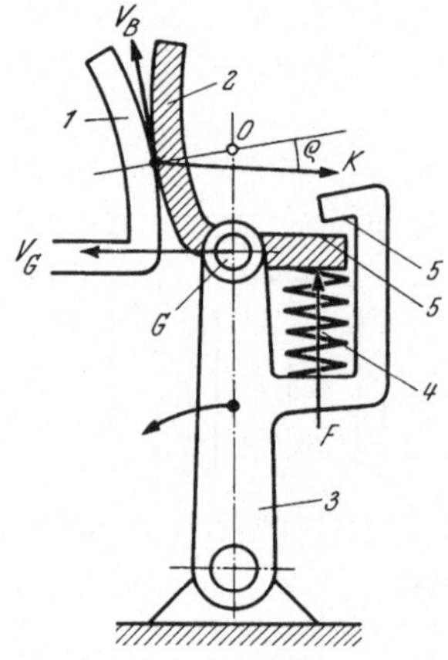


Abb. 52. Wälzkontakt

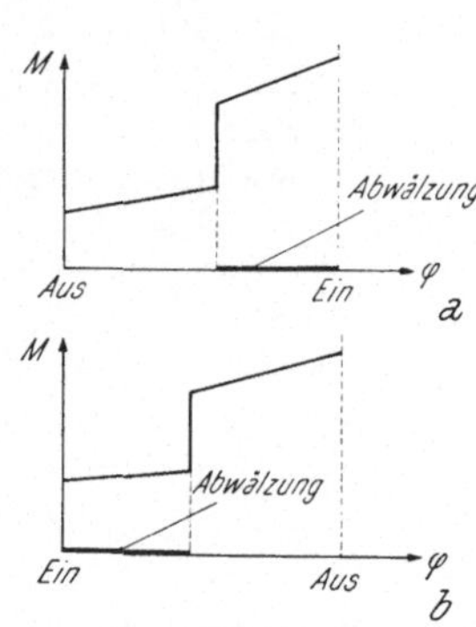


Abb. 53.
Drehmomentdiagramme

rühren; ab jetzt verhalten sich 2 und 3 wie miteinander verbunden und der Kontakt öffnet. Die dargestellte Ausführung ist die bei Wälzkontakten gebräuchlichste, es kann aber auch eine kinematische Umkehrung bestehen oder auch Punkt $G$ auf einer Geraden geführt sein. Man erkennt folgende Vorteile der Wälzkontakte:

1. Die Dauerberührungsstelle bleibt von Lichtbogeneinwirkung, also erhöhter Oxydation, bewahrt.

2. Die Reinigungsbewegung kann gerade groß genug gemacht werden, um Fremdschichten zu zerstören, und klein genug, um das spezifische Gleiten, also die Schaltstückabnutzung, zu beschränken. Zu diesem Zweck müssen entsprechend Abschn. I F c die Radien der Schaltstückoberflächen $R_1$ und $R_2$ groß (am besten untereinander gleich) und $o = OB$ klein gemacht werden. Es gelingt leicht, den Schaltarmdrehpunkt und $G$ so zu legen, daß $O$ nahe an der Schaltstückoberfläche wandert; die zurückgelegte Bahn heißt die feste Polbahn.

3. Die Schaltstücke treffen nach dem Prellen mit anderen als den ersten Berührungspunkten wieder aufeinander, wodurch die Schweißgefahr vermindert ist.

Die Kontaktkraftfeder hat nur während des Abwälzens ausschaltende Tendenz, daher bedarf es bei Schützen und bei verklinkten Schaltern einer besonderen Ausschaltfeder, die etwa auf den Schaltarm *3* wirkt. Der Zu-

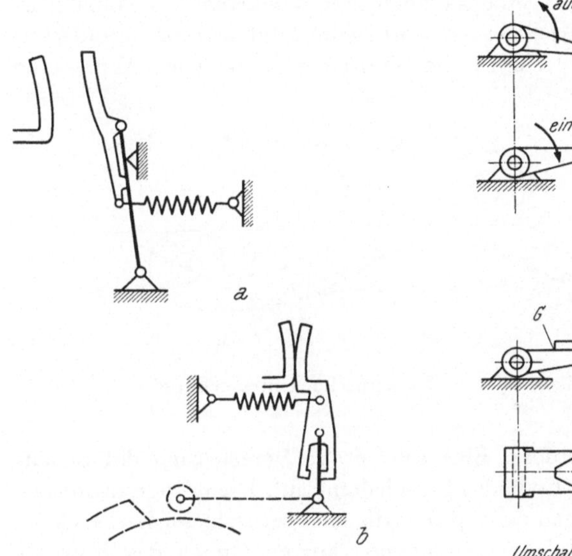


Abb. 54. Wälzkontaktanordnungen

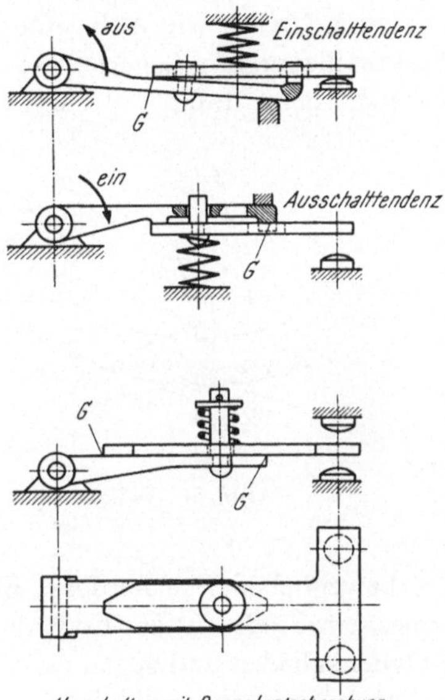


Abb. 55. Wälzkontaktanordnungen

sammenhang zwischen dem beim Einschalten auf den Schaltarm auszuübenden Drehmoment $M$ und dem entsprechenden Drehwinkel $\varphi$ ist in Abb. 53a ersichtlich, mit der charakteristischen Unstetigkeit bei der ersten Kontaktberührung. Daran ändert sich grundsätzlich nichts, wenn man Kontaktkraftfeder und Ausschaltfeder durch eine einzige Feder ersetzt, wie dies Abb. 54a zeigt. Man kann auch, s. Abb. 54b, mittels einer einzigen Feder sowohl dem Schaltarm eine Einschalttendenz geben als auch die Kontaktkraft erzeugen. Mit einer solchen Anordnung lassen sich Nockenschalter mit Wälzkontakten versehen. Das Drehmoment-Drehwinkeldiagramm zum Ausschalten bei dieser Anordnung ist in Abb. 53b zu sehen.

Bei Hilfs- und Verriegelungsschaltern findet man prinzipiell wohl als Wälzkontakte zu bezeichnende Ausführungen mit aber nur geringer Wanderung des Schaltstückberührungspunktes, s. Abb. 55. Wenn die Auflage bei G nicht linien-, sondern punktartig ist, kann eine Schaltbrücke, also Doppelunterbrechung, ausgeführt werden.

Sowohl durch die Winkelbeschleunigung $\gamma$ als auch durch die $\omega^2$-Beschleunigung, besonders in Verbindung mit dem schnellen Polwechsel des beweglichen Schaltstücks, besteht zwischen der wirklichen und der statischen Kontaktkraft ein Unterschied. Man erhält ihn, indem die Kraft $R$ bzw. $\Delta R$ in Abschn. I F d, aber negativ genommen, um den Gelenkpunkt $G$ drehend betrachtet wird. Bei normaler Lage des Schwerpunkts $S$ des Systems des beweglichen Schaltstücks wirkt der Polwechsel kontaktkraftvermehrend, wie Abb. 56a erkennen läßt: Senkrecht zur Polbahn ist die Beschleunigung $b_0$ gerichtet; $\Delta R = m b_0$ geht durch den Schwerpunkt $S$; wie man sieht, dreht $-\Delta R$ um $G$ im Sinn einer zusätzlichen Anpressung

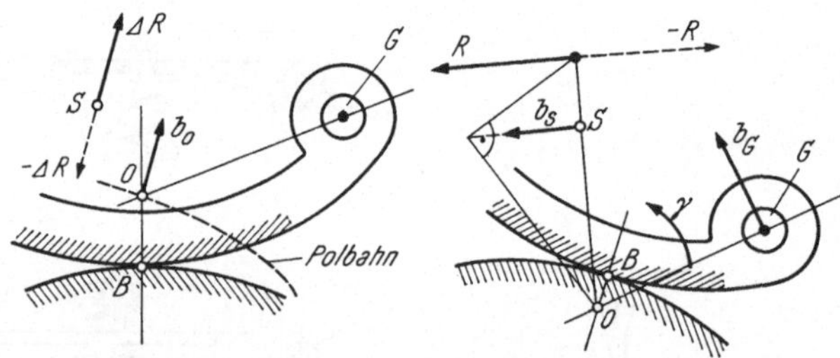


Abb. 56. Wälzkontakt — Dynamische Untersuchung

des beweglichen Schaltstücks. Eine sehr große Verzögerung des Schaltarmes, ein Stoß, tritt am Ende des Einschaltens auf. Die $\omega^2$ porportionalen Trägheitsglieder sind gegen die $\gamma$ proportionalen vernachlässigbar. Es kann zu einem mit Schweißgefahr verbundenen kurzen Öffnen des Kontakts kommen. Entsprechend der Verzögerung von $G$ ergibt sich, Abb. 56b, die Richtung von $\gamma$ und, s. Abb. 34, die Lage der Kraft $R$. Man sieht, daß $-R$ abhebend um $G$ dreht. Die Massenverteilung (Schwerpunktlage, Trägheitsradius) sollte also so gewählt werden, daß für den ganz eingeschalteten Zustand $R$ nahe dem Gelenkpunkt $G$ liegt, dann wird die Kontaktkraft durch den Stoß wenig beeinflußt.

### d) Sonstige Gleitkontakte

Im Gegensatz zu Innenraumanlagen, bei welchen Doppelmessertrennschalter nach Abb. 15 verwendet werden, muß bei Trennschaltern für Freiluft das Losbrechen von Vereisungen mit geringem Mehraufwand an Betätigungskraft möglich sein. Dem trägt der Drehtrennschalter Rechnung, der im Grundriß in Abb. 57 dargestellt ist. *1, 1* bedeuten zwei Stützisolatoren, die um ihre Vertikalachsen um $90°$ in entgegengesetztem Sinn drehbar sind. Zu diesem Zweck sind die unteren, in je zwei Wälzlagern laufenden Armierungen der Isolatoren durch ein Antiparallelkurbelgetriebe miteinander gekuppelt. Da der relative Momentanpol $O_G$ der Isolatoren (s. Ab-

schn. I F a) bei der in Abb. 57 getroffenen Auslegung für beide Endstellungen zusammenfällt und auch bei Zwischenstellungen nur wenig aus-

wandert, ist es so, als ob die
beiden Isolatoren durch Zahnräder 1:1 miteinander gekuppelt wären. Die oberen Armierungen der Isolatoren tragen
Arme mit bei geschlossenem
Schalter zusammenfallenden
Richtungen. Die Schaltstücke
sind an den Enden der als Kup-
ferrohre ausgebildeten Arme angebracht und berühren einander
bei geschlossenem Schalter, im

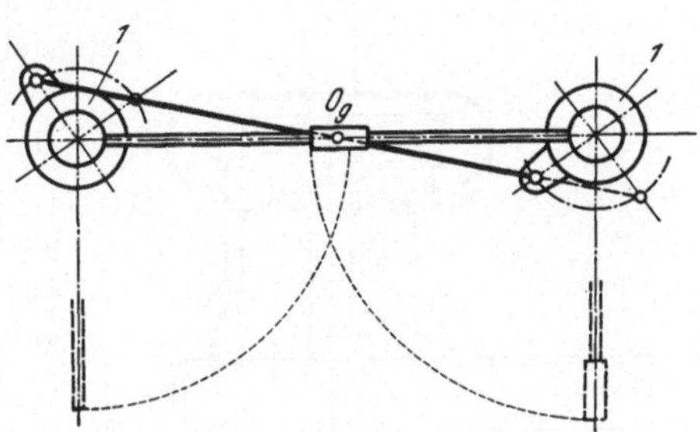

Abb. 57. Drehtrennschalter

Grundriß betrachtet, in der Nähe des Pols $O_G$. Bei Beginn des Ausschaltens
machen daher die Schaltstücke ganz kleine Relativbewegungen, also stehen
große Kräfte zum Brechen von Vereisungen zur Verfügung. Im einzelnen
zeigt Abb. 58 zwei verschiedene Ausbildungen des eigentlichen Kontakt-
apparates. Die nach b ist unempfindlicher gegen die Durchbiegung der
langen Isolatoren durch den Zug der zu den Sammelschienen hinführenden
Anschlußseile und gegen die Wirkung des Spiels in der Lagerung der Dreh-

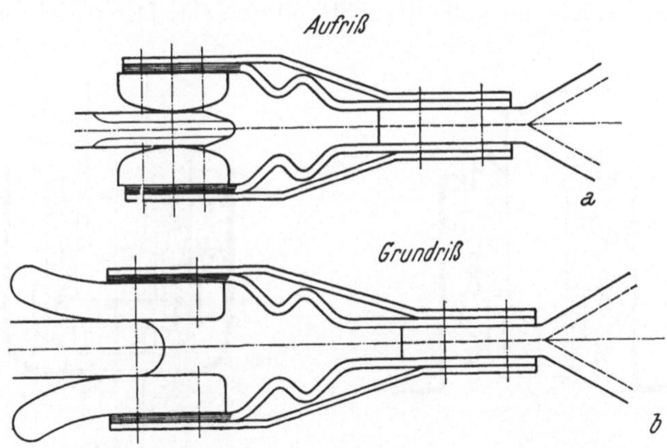



Abb. 58. Kontaktanordnungen für Drehtrennschalter

isolatoren. Die Stromübertragung von dem Bolzen *1* der Abb. 59, an welchen
das Anschlußseil angeklemmt ist, zur oberen Armierung der Drehisolatoren kann durch spiralig in der Kammer *2* um *1* aufgerollte Strombänder
erfolgen oder durch eine Anzahl federnder Bleche *3*. Durch die doppelt
S-förmige Krümmung ihres Meridianschnittes in Verbindung mit radialen

Schlitzen *4*, die abwechselnd außen und innen beginnen, legen sich diese Bleche mit Kraft sowohl an den Bolzen *1* als auch an die Wand von Kammer *2* an und bieten dem Gesamtstrom viele Übergangsstellen. Der Blechring *5* dient zur Vergleichsmäßigung des elektrischen Feldes. Bei manchen Drehtrennschalter - Kontaktapparaten ist das eine Rohr durch zwei ersetzt, deren Eigenfederung für die Kontaktgabe ausgenützt wird.

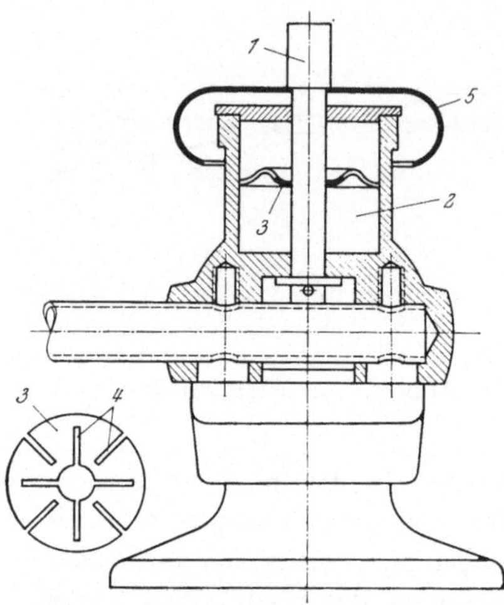

Abb. 59. Drehtrennschalterkopf

Der Kontaktapparat der Hochspannungs-Leistungsschalter, soweit sie Ölschalter oder ölarme Schalter sind, besteht in der Regel aus einem axial bewegten Schaltstift, der in eine sogenannte Kontakttulpe eindringt, die aus im Kreis angeordneten, radial gefederten Schaltstücken besteht. Diese können sich in der Endstellung des Schaltstiftes entweder nur auf diesen abstützen, Abb. 60, oder auch, Abb. 61, gegen einen festen Teil *1*. Zu diesem ist dann auch ohne Strombänder die Stromverbindung hergestellt, während man solche im Falle der Abb. 60 braucht. Damit sich beim Stoß

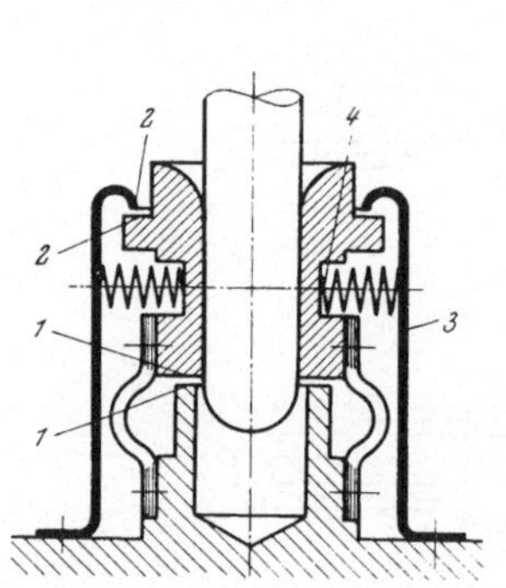

Abb. 60. Kontakttulpe

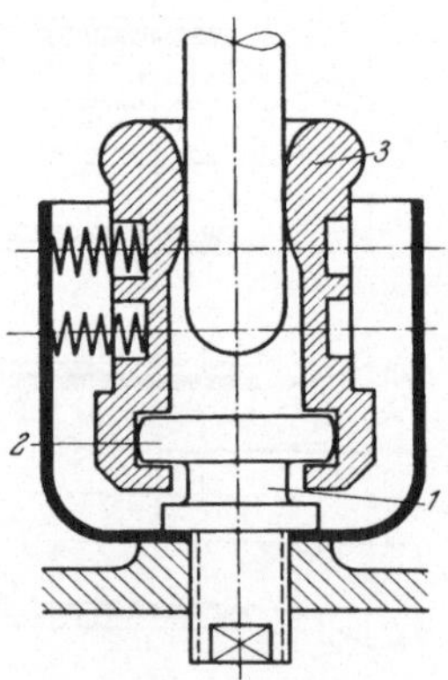

Abb. 61. Kontakttulpe

am Ende der Bewegung des Schaltstiftes die Schaltstücke von diesem nicht abheben, dürfen sie den Schaltstift bei dessen Endstellung nur in seinem zylindrischen Teil berühren. Der passende Durchdruck der Schaltstücke entsteht durch die radialen Fugen zwischen ihnen. Der fließende Strom erhöht die Kontaktkraft. Damit die Schaltstücke nicht durch die Schalt-

stückbewegung axial mitgenommen werden, sind in Abb. 60 die Flächen
*1, 1* und *2, 2* vorgesehen; die letztere gehört zur Haube *3*; sie dient auch als
Abstützung für die radial gestellten Kontaktkraftfedern *4*. Im Falle der
Abb. 61 ist durch das Eingreifen des Zahnes *2* von Teil *1* in die Lücke
des Schaltstücks *3* ein Drehgelenk für dieses geschaffen. Ähnlich wie bei
den Kontaktfingern der Walzen- und der Flachbahnschalter beeinflußt die
vom Schaltstift herrührende Reibung die statische Kontaktkraft. Für den
Stromübergang beim Zahn *2* muß dort eine genügende statische Kontakt-

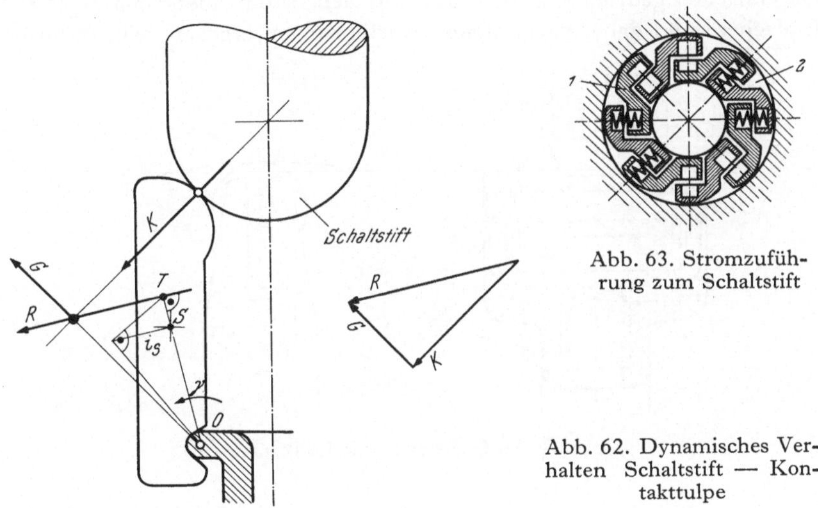


Abb. 63. Stromzuführung zum Schaltstift

Abb. 62. Dynamisches Verhalten Schaltstift — Kontakttulpe

kraft bestehen, außerdem soll sich dort beim Auftreffen des Schaltstifts
auf das Schaltstück dieses nicht abheben. Dies ist in Abb. 62 untersucht.
*O* ist der Drehpunkt des Schaltstücks, welches durch die Stoßkraft *K* an
der Auftreffstelle des Schaltstifts eine Winkelbeschleunigung um *O* im
Pfeilsinn bekommt. Sie hervorzurufen ist die Kraft *R* nötig, wie in Abschn.
I F d erläutert. *R* ist die Resultierende aus *K* und der im Gelenk *O* auf
das Schaltstück ausgeübten Kraft *G*, die, wie die Dinge in Abb. 62 liegen,
eine Richtung hat, die kein Abheben entstehen läßt. Soll beim Eindringen
des Schaltstifts der Kontakt aufrecht bleiben, bekommt das Schaltstück
auch entgegengerichtete Winkelbeschleunigungen, also Winkelverzöge-
rungen, wenn auch von weitaus kleinerem Betrag. Immerhin sind damit
vorübergehende Kontaktkraftminderungen verbunden.

Abb. 63 zeigt eine gebräuchliche Art der Stromzuführung zum Schaltstift. An Stelle der axial festgehaltenen Stücke *1* in der Kammer *2* können
eine größere Zahl radial gestellter, in der Mitte gekröpfter und daher
radial federnder Bleche treten.

## C. Rollkontakte

Der ungünstige Einfluß der Reibung beim Auflaufen eines Kontaktfingers und die mechanische Abnützung sind beseitigt, wenn man das Fingerschaltstück als um einen zentrischen Bolzen drehbare Rolle ausführt. Freilich taucht dabei die Frage der Stromverbindung mit dieser Rolle auf, denn Lager sind hierfür nicht geeignet, schon gar nicht Wälzlager. Eine Möglichkeit besteht darin, die Rolle mit Achsstummeln mit balligen Stirnflächen zu versehen, welche durch axiale Federkraft an feste Gegenflächen gedrückt werden, um dort den Strom übergehen zu lassen. Einfachere und daher verbreitetere Ausführungen ergeben sich, wenn der

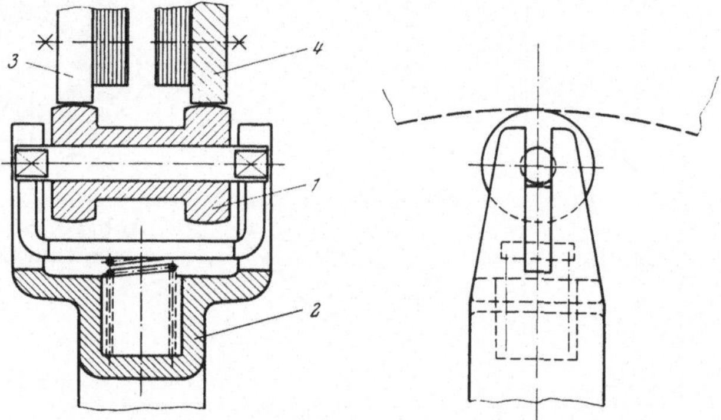

Abb. 64. Stufenschalter mit Rollkontakten

Strom am Rollenumfang sowohl ein- als auch austritt, wobei das reine Rollen an beiden Stellen gewahrt ist. Dies ist z. B. bei dem Stufenschalter nach Abb. 64 der Fall. Es ist eine Doppelrolle *1* angewendet, welche, durch den Arm *2* im Kreis herumgeführt, sowohl auf den Festschaltstücken *3* als auch auf dem Sammelring *4* abrollt. Die Rolle muß im Arm *2* radial beweglich geführt sein. Wenn es sich um einen Widerstandsanlasser handelt, ist der Sammelring entbehrlich und der Platzbedarf vermindert, weil man dann das Schema von Abb. 47 anwenden kann. Einfach läßt sich ein Drehstrom-Widerstandsanlasser mit Rollkontakten ausführen, s. Abb. 65. Von Welle *1* aus wird der Teil *2* drehend mitgenommen, der drei gleichmäßig verteilte, radial gerichtete Drehbolzen für die drei Rollen *3* hat. Diese rollen sowohl auf den festen Anzapfschaltstücken *4* als auch auf dem drehbaren Sammelring *5* ab, welcher den Sternpunkt bildet. Durch axiale Belastung von Sammelring *5* durch Feder *6* entstehen an allen sechs Stromübergangsstellen untereinander gleiche Kontaktkräfte.

Auch beim reinen Rollen tritt durch Deformation ein winziges Gleiten auf und wirkt zerstörend auf die Fremdschichten, so daß bei Rollkontakten Kupfer als Schaltstückmaterial zulässig ist. Bei Staubzutritt sind Rollkontakte ungeeignet. Ihnen ist eine weitere Grenze dadurch gesetzt, daß sich unter sonst gleichen Umständen die Kontaktöffnung um so langsamer ausbildet, je größer der Rollenradius ist. Bezüglich des Prellens ist die verhältnismäßig große Masse der Rolle ungünstig. Man kann die Rollkontakte ohne weiteres so ausbilden, daß sie in geschlossenem Zustand keine bewegende Tendenz haben; weil sie daneben keinen nennenswerten Reibungswiderstand ergeben, sind sie für durch physikalische Größen gesteuerte Schalter, s. Abschn. V, sehr geeignet.

Zu den Rollkontakten zählen auch die Stufenschalter der automatischen sogenannten Wälzregler. Sie haben nur Segmente von Rollen großen Durchmessers, die nur Teile einer vollen Umdrehung machen, weshalb die Stromzufuhr durch flexible Leitungen leicht zu lösen ist.

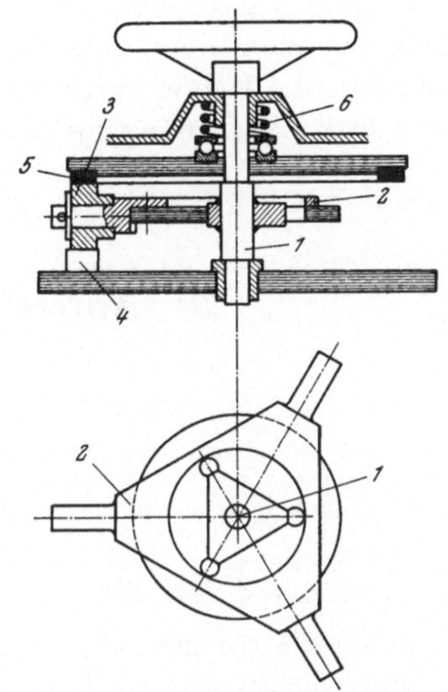

Abb. 65. Drehstromanlasser
mit Rollkontakten

## D. Quecksilber-Schaltröhren

Die Quecksilber-Schaltröhren sind Glasröhren, in welche Metallelektroden eingeschmolzen sind und welche Quecksilber in einer Atmosphäre von Wasserstoff (keine Oxydation, erhöhte Brennspannung, daher relativ hohe Gleichstromschaltleistung) enthalten. Der Stromkreis zwischen den Elektroden wird dadurch geschlossen bzw. geöffnet, daß durch Neigen der Röhre oder durch einen von außen elektromagnetisch beeinflußten Tauchkörper im Röhreninneren der Quecksilberspiegel relativ zu den Elektroden verändert wird; die Schaltung vollzieht sich dabei entweder zwischen einer der Elektroden und dem Quecksilber oder zwischen Quecksilber und Quecksilber. Im letzteren Fall nützen sich die Elektroden nicht ab. Eine solche Schaltröhre mit Betätigung durch Neigungsänderung ist in Abb. 66 sche-

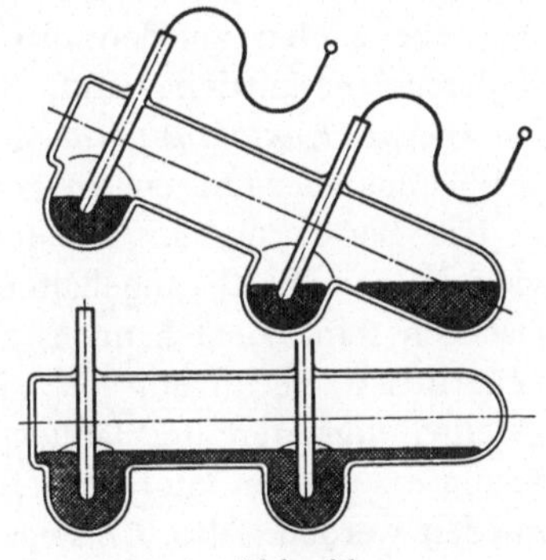

Abb. 66.
Quecksilberschaltröhre

matisch dargestellt, oben in geschlossenem, unten in geöffnetem Zustand des Stromkreises. Durch die Näpfe um die Elektroden bleiben diese stets von Quecksilber umgeben. Infolge des bekannten Kapillarverhaltens des Quecksilbers geschieht das Schalten auch bei schleichender Neigungsänderung momentan. Für hohe Leistung wird eine keramische Einlage innerhalb des Rohres vorgesehen, um dessen allmähliche Abnützung durch die plötzlichen Temperaturänderungen beim Ausschalten zu vermeiden.

# III. Antriebe der Schaltgeräte

## A. Allgemeines

Die wichtigsten Antriebe, abgesehen von denen durch Federn, sind die

1. von Hand   }
2. durch Fuß     Antriebe durch Menschenkraft;
3. durch Elektromagnet }
4. durch Druckluft     mechanische Antriebe.
5. durch Elektromotor

Die Antriebe 3 und 4 lassen sich einfach nur für Schaltgeräte mit nur zwei Stellungen gestalten, sind aber bei elektrischen Triebfahrzeugen auch für Geräte mit vielen Stellungen in Gebrauch. Manche zweistelligen Geräte, z. B. die Schütze und verklinkten Schalter, werden in der einen Richtung (Ausschalten) durch Federn angetrieben, die *während der Bewegung in der anderen Richtung* (Einschalten) *gespannt* werden. Auch diese Antriebe zählen zu den direkten, deren Gegenteil die indirekten oder Federspeicherantriebe sind. Bei ihnen wird *eine Feder bei in Ruhe verharrendem Kontaktapparat gespannt* und dieser anschließend zwecks Schließens oder Öffnens freigegeben.

Die Bewegung der Schaltgeräte muß am Ende jedes Schaltschrittes, vielfach mit Stoß, angehalten werden. Dieser Stoß soll möglichst unelastisch sein, sonst kann es z. B. nach dem Abfallen eines Schützes zur neuerlichen Berührung der Schaltstücke kommen. Wenn hohe Schaltgeschwindigkeiten unerläßlich sind, z. B. bei Hochspannungs-Leistungsschaltern, müssen Stoß und Rückprall durch Öl- oder Luftbremsen vermieden werden. Abb. 67 zeigt eine Ölbremse im Prinzip, bei welcher der Kolben *1* der Reihe nach Drosselöffnungen *2* absperrt, wodurch ein gewünschter Geschwindigkeitsverlauf weitgehend verwirklichbar ist. Soll die Bremse für die entgegengesetzte Bewegung wirkungslos sein, wird Ventil *3* angeordnet.

Die Übersetzung zwischen der Stelle, wo die Antriebskraft Arbeit leistet (Handgriff, Pedal, Druckluftkolben, Elektromagnetpol, Läuferumfang ...) und dem Träger des beweglichen Schaltstücks (Schaltarm, Kontaktstift, Kontaktbrücke ...) sollte in den meisten Fällen stellungsabhängig sein. Dies liegt im Interesse 1. der Kleinheit der Antriebe und des Arbeitsbedarfs, 2. der Gleichmäßigkeit des Kraftbedarfs bei Antrieben von Hand und durch Fuß, 3. der Vermeidung unnötig hoher, das Prellen begünstigender Auftreffgeschwindigkeiten der Schaltstücke, 4. des leichteren bzw. stoßärmeren Stillsetzens.

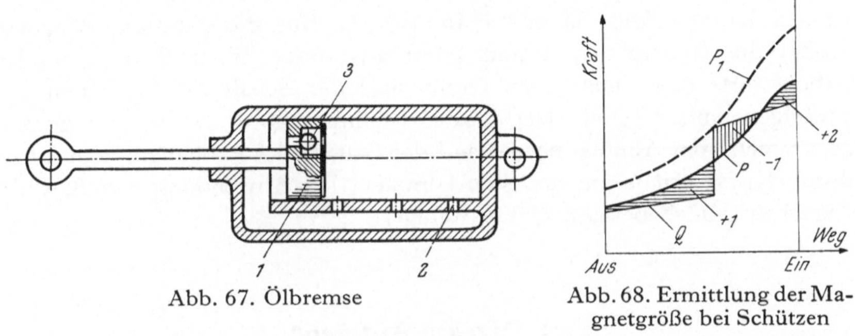


Abb. 67. Ölbremse      Abb. 68. Ermittlung der Magnetgröße bei Schützen

Es handle sich um ein elektromagnetisches Schütz mit Wälzkontakten und konstanter Übersetzung zwischen dem Schaltarm und dem Magnetanker. Über dessen Weg die Zugkraft aufgetragen, liefert die Kurve $P$ in Abb. 68. In diese ist die Kurve Abb. 53a übertragen durch Multiplikation der Drehwinkel mit der Übersetzung und Division der Drehmomente durch die Übersetzung. Weil sie konstant ist, bleibt die ursprüngliche Form der reduzierten Kurve $Q$ erhalten. Aus dem Vergleich der Kurven $P$ und $Q$ erkennt man, daß der Magnet das ausgeschaltete Schütz mit erheblichem Kraftüberschuß in Bewegung setzt; das System hat bei der ersten Berührung der Schaltstücke eine der Fläche $(+1)$ gleiche lebendige Kraft angenommen, welche sich weiterhin um die Fläche $(-1)$ vermindert und anschließend bis Bewegungsende um die Fläche $(+2)$ vermehrt. Solange $(-1)$ unter $(+1)$ bleibt, kommt das System in seine Endlage und bleibt auch dort, weil ja auch in Stellung „Ein" der Magnet einen Kraftüberschuß hat. Praktisch wäre der Magnet aber doch zu schwach. Im ganz willkürlichen Wechsel der Ein- und Ausschaltbefehle für das Schütz kann es nämlich vorkommen, daß das System mit kleiner Geschwindigkeit in die Stellung der ersten Kontaktberührung kommt. Es verbleibt dann, auch bei erregtem Magnet, dort, und zwar mit verminderter Kontaktkraft. Hier und meistens darf der Schwung nicht ausgenützt werden. Der Magnet müßte größer gewählt werden, entsprechend Kurve $P_1$. Dann ist aber die lebendige Kraft und die Geschwindigkeit bei der ersten Schaltstückberührung und der Stoß in Stellung „Ein" noch stärker, damit auch das Prellen und eventuell das in Abschn. II B c behandelte vorübergehende Öffnen.

Ist die Übersetzung ideal stellungsabhängig gemacht, dann geht die Magnetgröße daraus hervor, daß die Flächen unter der Kurve Abb. 53a (vermehrt um eine kleine lebendige Kraft) und unter der Kurve $P$ der Abb. 68 einander gleich sein müssen. Die Gleichheit der Arbeiten, einerseits der am Kontaktarm erforderlichen Momente, andrerseits der Zugkraft am Magneten, muß im Idealfall (nirgends Überschuß noch Mangel an Kraft) auch für jeden Teilweg gelten; dies ermöglicht, die gegenseitige Zuordnung der Stellungen der beiden Teile zu ermitteln. Man zeichnet zu den Kurven Abb. 53 und $P$ in Abb. 68 (für die ermittelte Magnetgröße) die Integralkurven und greift aus ihnen für beliebig gewählte Arbeitswerte den zugehörigen Drehwinkel des Schaltarmes und den zugehörigen Ankerweg ab. Der idealen Stellungszuordnung (sie ist genaugenommen vom Abnützungszustand der Schaltstücke abhängig) kann man durch Kurventriebe am nächsten kommen, bei Anwendung von Kurbelvierecken (Kniehebelschütz) weit weniger.

# B. Direkte Antriebe

## a) Antriebe durch Menschenkraft

Kennzeichen der „Tasten" ist, daß sie in der einen Stellung nur bei ständigem Druck von Hand (Fuß) verharren, ohne solchen in die benachbarte Stellung gehen. Sie haben entweder zwei Stellungen, davon eine Taststellung, oder drei Stellungen, wobei die beiden Endstellungen Taststellungen sind. Sollen Geräte mit nur in den Endstellungen geschlossenen, als reine Druck- oder als Wälzkontakte ausgebildeten Kontakten in den Endstellungen ohne Zutun verharren, kann dies am einfachsten durch ein Kurbelviereck erzielt werden, bei dem antreibende Kurbel und Koppel über die Strecklage etwas hinausgehen, s. Abb. 69.

Bei vielstelligen, über große Entfernungen und Zwischengetriebe von Hand betätigten Schaltgeräten muß dem Totgang und der Elastizität der Übertragungsteile Beachtung geschenkt werden, so bei zentral angeordneten Schaltwerken elektrischer Triebfahrzeuge. Die von den Führerständen zum Schaltwerk führenden Wellenleitungen müssen den Fahrmotoren, dem Bremsgestänge usw. ausweichen und sind meist durch etliche Zahnrad- und Kettentriebe unterbrochen. Bei im Verhältnis zum Schrittwinkel großem Totgang am Fahrhandrad kann der Führer die einzelnen Fahrstufen schlecht unterscheiden, es entstehen gefährliche Zwischenstellungen des Schaltwerks, die nötigen mechanischen Verrieglungen werden wirkungslos. Nach Abschn. I F b müssen daher die Zwischenwellen schneller

drehen als das Schaltwerk, eventuell auch schneller als das Fahrhandrad,
um den Totgangeinfluß zu beschränken, und sollten die Zahn- und Ketten-
räder möglichst groß gewählt werden. Beides vergrößert leider die Trägheitswirkung der Übertragungsteile, d. h. es wird schwer, die einzelnen
Fahrstufen nicht zu „überreißen". Es ist hier ein Kompromiß zu schließen;
auf jeden Fall ist das Zahnspiel klein zu halten und sind die Räder aus
bestem Material zu wählen, damit sie schmal gehalten werden können
(Trägheitsmoment) und sich nur wenig abnützen (Zahnspiel).

Bei mehrstelligen Schaltgeräten soll dem Bedienenden jede Stufenstellung fühlbar sein, und eine solche soll sich einstellen, wenn die Hand
den Betätigungsgriff in einer beliebigen Zwischenstellung losläßt (die
zweite Forderung kann bei Leerschaltgeräten meist entfallen). Beiden

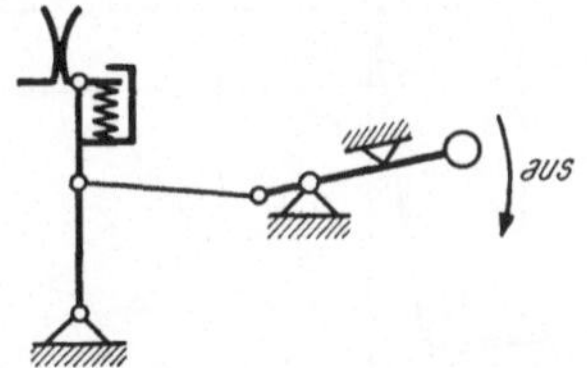


Abb. 69. Antrieb über Kurbelviereck mit Strecklage

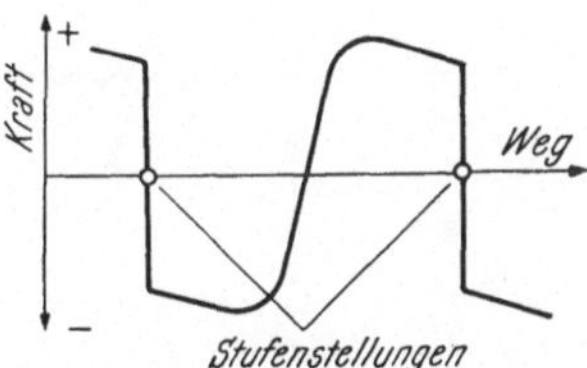


Abb. 70. Rastenwerksdiagramm

Zwecken dienen die Rastenwerke. Sie üben mittels Federn Kräfte aus,
deren Wattkomponente, über den Weg des Betätigungsgriffes aufgetragen,
einen Verlauf nach Abb. 70 hat. Wichtig ist der bei jeder Stufenstellung
auftretende Sprung im Diagramm: schon kleinstes Verlassen der beabsichtigten Stellung gibt endliche rücktreibende Kraft. Bei der üblichen
Ausführung sitzt, Abb. 71, etwa auf der Nockenwalze des Schaltgerätes,
eine Rastenscheibe $1$, in deren Lücken durch die Feder $2$ die geführte Rolle
$3$ gedrückt wird, wobei sich zwei Berührungsnormale $n'$ und $n''$ ergeben
müssen, damit der Sprung im Diagramm Abb. 70 entstehen kann. Eine
Ausbildung der Rastenscheibe wie in der Nebenfigur der Abb. 71 ist ver-
fehlt! Rolle $3$ wird entweder durch einen Hebel $4$ oder gleitend geführt.
Meist wird ein um die Stufenstellung zentrisch symmetrisches Kraft-
diagramm gewünscht; dazu muß, falls die Symmetrale der Flanken des
Rastenrades durch dessen Mittelpunkt geht, der Hebeldrehpunkt auf einer
durch den Rollenmittelpunkt gehenden Senkrechten zur erwähnten Sym-
metralen liegen bzw. die Führung deren Richtung haben. Wegen des
„Äquidistanteneffekts" (s. Abschn. I F a) kann das Diagramm Abb. 70
zwischen den gezeichneten Sprungstellen keine weiteren haben, doch sollte
es die Abszissenachse möglichst steil schneiden. Der zweite oben ange-
führte Zweck des Rastenwerks ist erfüllt, wenn im Bereich zwischen den

Stufenstellungen nur labile Gleichgewichtslagen auftreten. In Abb. 72 ist als einfaches Beispiel über dem Drehwinkel einer Nockenwalze das von den Schaltelementen ausgeübte Drehmoment aufgetragen, für den Fall, daß bei Übergang von der Stellung $n$ auf Stellung $n+1$ ein Schalter zu schließen und anschließend ein anderer zu öffnen ist, entsprechend der strichlierten Linie. Die volle Linie stellt die Drehmomente des Rasten-

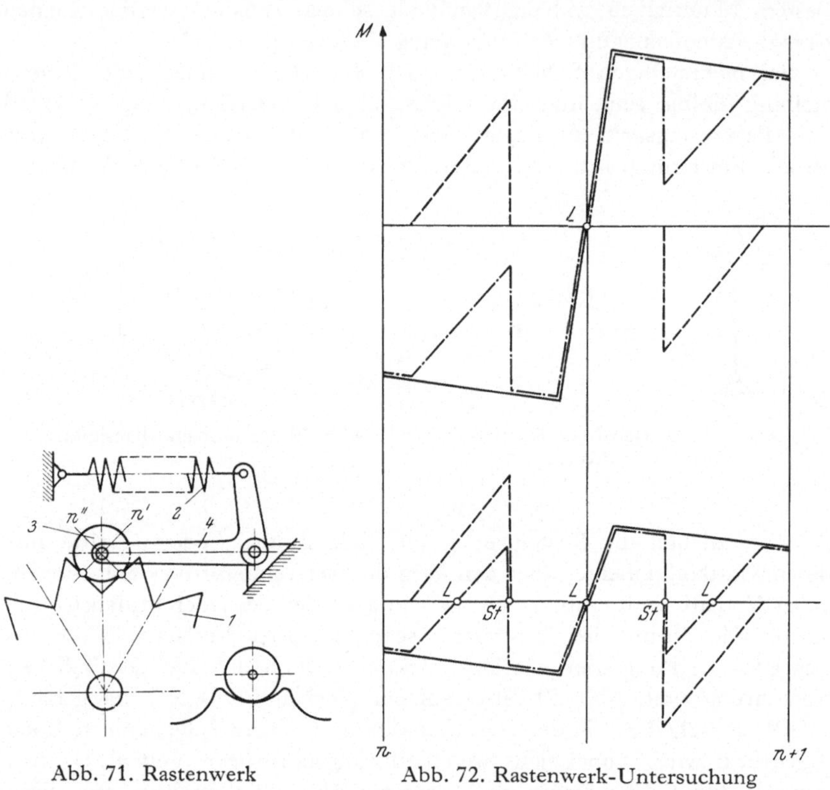

Abb. 71. Rastenwerk          Abb. 72. Rastenwerk-Untersuchung

werks dar und die strichpunktierte die algebraische Summe der beiden genannten Drehmomente. Man erkennt, daß zwischen den Stellungen $n$ und $n+1$ nur ein Gleichgewichtszustand — Punkt $L$ — eintritt und daß er labil ist. Wäre das Rastenwerk schwächer, wie die untere Hälfte der Abbildung zeigt, dann treten zwischen den Stellungen $n$ und $n+1$ fünf Gleichgewichtslagen auf; drei davon sind labil — Punkte $L$ — und zwei davon stabil — Punkte $St$. Das Rastenwerk ist hier somit zu schwach, und es kann zu Zwischenstellungen mit verminderter Kontaktkraft kommen. Bisher wurde Reibung nicht berücksichtigt. Durch sie tritt an Stelle einer labilen Gleichgewichtslage ein Bereich indifferenten Gleichgewichts. Ist ein Reibungsmoment $M_R$ zu überwinden, dann ergibt sich, s. Abb. 73, aus ihm und der Neigung der Momentencharakteristik die Indifferenzzone. Um sie klein zu halten ist demnach die Reibung klein zu halten (nicht durchführbar bei Walzenschaltern und dergleichen) und ein Rastwerksdiagramm mit möglichst steilem Übergang zu verwirklichen. Letzteres heißt, den „Äquidistanteneffekt" klein zu machen; Mittel hierzu sind der Rollbolzen (s. Abschn. I F a), große Rastenscheiben (Vergrößerung des Trägheitsmoments unerwünscht) und flache Zähne beim Rastenrand. Letztere bewirken größere Belastung der Lager der Rastenscheibenwelle, was bei Gleitlagern ein unerwünschtes Mehr an Reibung gibt. Ein Ausweg

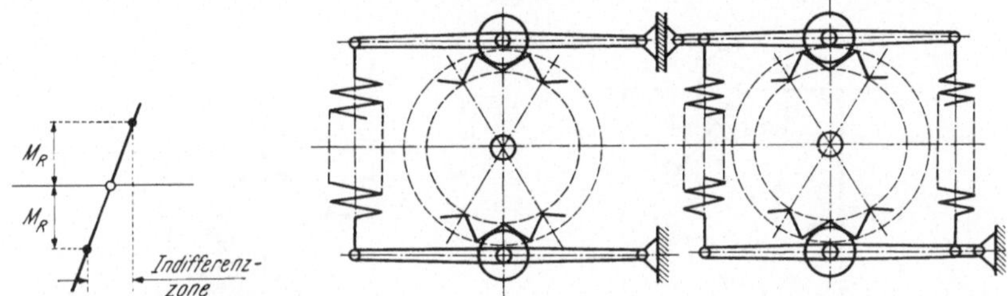

Abb. 73. Reibungseinfluß beim Rastenwerk

Abb. 74. Doppelrastenwerke

sind Doppelrastenwerke nach Abb. 74. Wenn sich die Schrittwinkel bei mehr als 180° Gesamtdrehung nach 180° nicht wiederholen, sind auch zwei Rastenscheiben erforderlich.

Durch Berücksichtigung der dynamischen Verhältnisse läßt es sich, zumindest annähernd, erreichen, daß ein in der beabsichtigten Stellung mit Schwung eintreffendes Schaltgerät dort dauernd zum Stillstand kommt; wohl fliegt dabei die Rastenrolle weg, sie trifft aber auf beide Flanken der Rastenradlücke zugleich wieder auf, beeinflußt das Rad somit nicht drehend. Stoßen die mit der Geschwindigkeit $v$ bewegte Masse $m$ und die in gleicher Richtung mit der Geschwindigkeit $V$ bewegte Masse $M$ zentral aufeinander, dann ist die Bedingung dafür, daß $m$ nach dem Stoß zum Stillstand kommt, wenn $k$ die Stoßzahl bedeutet,

$$v(m-kM)+VM(1+k)=0. \tag{1}$$

Gl. (1) kann auf den Stoß zwischen zwei um feste Achsen drehbaren Körpern mit den Trägheitsmomenten $i$ bzw. $I$ um die Drehachsen angewendet werden, wenn für $m$ bzw. $M$ die auf Stoßrichtung reduzierten Massen und für $v$ bzw. $V$ die auf Stoßrichtung projizierten Geschwindigkeiten vor dem Stoß eingesetzt werden. Abb. 75 zeigt das Rastenwerk knapp vor dem Stoß in Richtung $s \ldots s$. Die Rastenscheibe habe dabei die Winkelgeschwindigkeit $\omega$, der Rollenhebel die Winkelgeschwindigkeit $\omega'$; $i$ bezieht sich auf die Rastenscheibe und die mit ihr sich drehenden Teile, $I$ auf den Rollenhebel. Damit ist im obigen Sinn mit den in Abb. 75 eingetragenen Größen $m = i/\bar{p}^2$, $M = I/\bar{q}^2$ und gemäß Abschn. I F a $v = \omega\bar{p}$, $V = -\omega`\bar{q} = -\omega\bar{q}\,p/q$. Durch Einsetzen in Gl. (1) wird $I = i/[k\bar{p}/\bar{q} + (1+k)\,p/q]\,p/q$. Einen solchen Wert müßte das Trägheitsmoment des Rollenhebels haben, damit die zu rastenden Teile stillgesetzt werden. Damit dies auch für die entgegengesetzte Drehrichtung gilt, muß offenbar $p/q = \bar{p}/\bar{q}$ sein; dies ist zugleich die Bedingung für Gleichwertigkeit für beide Drehrichtungen in statischer Hinsicht. Man erhält damit

$$I = (q/p)^2 \, \frac{i}{1+2\,k}. \tag{2}$$

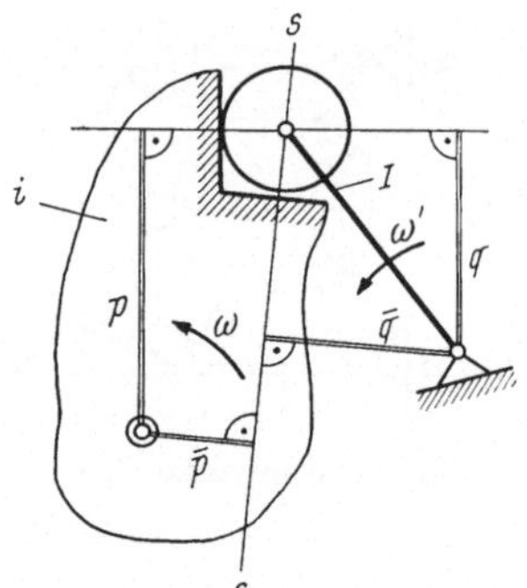

Abb. 75. Zur Dynamik des Rastenwerks

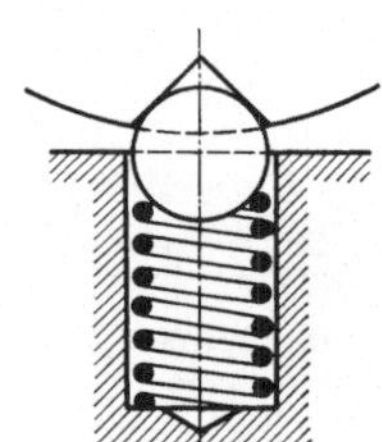

Abb. 76. Kugelraste

Für $k = 1$ bzw. $k = 0$ gibt dies $I = \dfrac{i}{3}\,(q/p)^2$ bzw. $I = i(q/p)^2$. Der große Unterschied der beiden Werte deutet darauf hin, daß die ideale Wirksamkeit des Sperrwerks schwer zu erreichen ist. Die Vermehrung der Trägheitswirkung durch jene des Rastenhebels begünstigt das „Überreißen" der Stellungen. Sie ist zahlenmäßig durch das auf Rastenscheibenwelle reduzierte Trägheitsmoment $i_I$ des Rastenhebels bestimmt: $i_I = I(\omega`/\omega)^2 = I(p/q)^2$. Setzt man $q/p$ aus Gl. (2) ein, ergibt sich

$$i_I = \frac{i}{1+2\,k}. \tag{3}$$

Das kleinste mögliche $i_I$ wird durch $k = 1$ erzielt, nämlich $i_I = i/3$; es ist also ein möglichst elastischer Stoß anzustreben!

Bei geringen Ansprüchen an die Rastung, wenn nur beabsichtigte Stellungen dem Bedienenden fühlbar gemacht werden sollen (die dann mechanisch verriegelt werden) oder als Schutz gegen Verstellung durch Erschütterungen, wird vielfach die einfache Kugelraste nach Abb. 76 angewendet.

Mit einem Pedal lassen sich nur in einer Richtung große Drehmomente ausüben. Bei Antrieb eines vielstelligen Schaltgerätes durch den Fuß (Obusfahrschalter) wird daher meist eine Rückzugfeder angewendet; sie soll in den einzelnen Stufenstellungen unwirksam sein, aber durch geringen Kraftaufwand aktiviert werden können. Durch Rastenwerke mit unsymmetrischer Wirkung ist das nur unvollkommen möglich, gut dagegen durch den Mechanismus nach Abb. 77. Auf dem wellenförmigen feststehenden Kranz *1* kann der Bolzen *2* abrollen. Er trägt die Wälzlagerpaare *3, 3* und

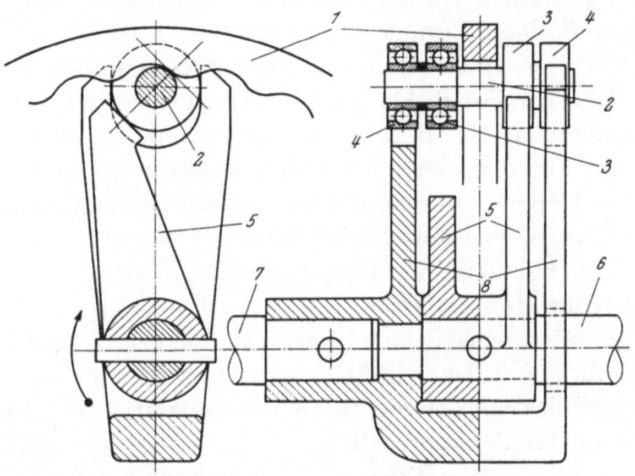

Abb. 77. Periodengetriebe

*4, 4.* Auf die Außenringe des ersteren drückt der gegabelte Hebel *5*, der auf der Schaltgerätewelle *6* sitzt, auf welche im Pfeilsinn die Rückzugfeder wirkt. Die Antriebswelle *7* ist zu *6* koaxial und trägt den gegabelten Hebel *8*, der die Außenringe der Wälzlager *4, 4* umfaßt. In der gezeichneten Stellung herrscht ohne Eingreifen des Antriebes Gleichgewicht. Erst ein Drehen der Antriebswelle aus der gezeichneten Stellung aktiviert die Rückzugfeder. Man hat ein, und zwar sehr einfaches, Getriebe zwischen koaxialen Wellen, dessen Übersetzung in Abhängigkeit vom Drehwinkel der Welle *7* periodisch zu Null wird. Der Mittelwert der Übersetzung ist natürlich eins.

## b) Antriebe durch Elektromagnet

Bei der bedeutenden Gruppe der Schütze und bei den verklinkten Schaltern (Schutzschaltern) geschieht das Ausschalten durch Federkraft, daher hier nur ein einziger Magnet erforderlich ist. Bei den verklinkten Schaltern genügt für den Magnet ein durch eine Taste gegebener vorübergehender elektrischer Impuls. Antriebe mit je einem Magnet für beide Bewegungsrichtungen eines zweistelligen Schaltgerätes (also z. B. für

Trennschalter) kommen seltener vor. Auf solche Antriebe läßt sich das bei den Antrieben durch Druckluft Gebrachte sinngemäß übertragen.

Bei den Elektromagneten unterscheidet man bezüglich Ankerbewegung die translatorische — Hubmagnete — und die drehende — Klappmagnete, Drehmagnete. Bei ersteren gibt man die Zugkraft $P$ an, die Wattkomponente der resultierenden magnetischen Kraft auf den Anker, bei letzteren das magnetisch auf den Anker ausgeübte Drehmoment $M$, bezogen auf die fixe oder eventuell momentane Drehachse des Ankers.

Der Strom $i$ in der Magnetspule erzeugt in den einzelnen ihrer $z$ Windungen Flüsse $\Phi$, deren Summe der Spulenfluß $\Psi$ ist. $s$ sei der Ankerweg bei Hubmagneten, $\varphi$ der Ankerdrehwinkel bei Klapp- oder Drehmagneten. Die Gln. 1 B (10) und 1 B (11) gestatten, im Prinzip zu berücksichtigen, daß strenggenommen für $P$ und $M$ das Feldbild in allen Einzelheiten maßgebend ist. Für den ersten Überblick werde angenommen, die Spule sei auf einen so kleinen Raum konzentriert, daß jede Windung den gleichen Fluß $\Phi$ führt. Im Gleichgewichtsfall ist der Anker durch eine Kraft belastet, deren Projektion auf die Bewegungsrichtung gleich $-P$ ist. Es werde nun der Anker um d$s$ verschoben, wobei der Fluß $\Phi$ konstant bleibe. Für diese Zustandsänderung ist an den Spulenklemmen elektrische Arbeit weder zu- noch abzuführen, da keine EMK induziert wird. Somit muß die Energie $W$ des Magnetfeldes um die von der Belastungskraft $-P$ geleistete Arbeit $-P \cdot \mathrm{d}s$ vermehrt werden, also $\mathrm{d}W = -P \cdot \mathrm{d}s$. Meist ändert sich bei konstantem $\Phi$ das Feldbild im Eisen mit der Ankerstellung kaum, also auch nicht die ohnehin kleine im Eisen enthaltene magnetische Energie, sondern lediglich die des Luftfeldes $W_l$. Also ist $\mathrm{d}W = \mathrm{d}W_l = -P \cdot \mathrm{d}s$ oder mit Rücksicht auf $\Phi = \text{konst.}$

$$P = -\left(\frac{\partial W_l}{\partial s}\right)_{\Phi}. \tag{4}$$

Ist $R_l$ der magnetische Widerstand des Luftfeldes, ist seine Energie

$$W_l = \int\limits_0^{\Phi} (z\,i)\,\mathrm{d}\Phi = \int\limits_0^{\Phi} R_l\,\Phi\,\mathrm{d}\Phi = \frac{R_l\,\Phi^2}{2}.$$

In Gl. (4) eingesetzt, gibt das

$$P = -\frac{\Phi^2}{2}\frac{\mathrm{d}R_l}{\mathrm{d}s}. \tag{5}$$

Ganz analog gilt für Klappmagnete oder Drehmagnete

$$M = -\frac{\Phi^2}{2}\frac{\mathrm{d}R_l}{\mathrm{d}\varphi}. \tag{6}$$

Die letzten beiden Gleichungen zeigen: Damit ein Elektromagnet wirkt, muß sich bei einer Ankerbewegung der Widerstand $R_l$ des Luftfeldes oder seine Leitfähigkeit $\Lambda_l = \dfrac{1}{R_l}$ ändern!

Es ist $(z \cdot i)_l = R_l \cdot \Phi$ der AW-Aufwand für das Luftfeld. Eliminiert man aus der letzten Gleichung und aus Gl. (5) bzw. (6) $\Phi$, erhält man

$$P = -\frac{(zi)_l^2}{2}\frac{\dfrac{\mathrm{d}R_l}{\mathrm{d}s}}{R_l^2} = \frac{(zi)_l^2}{2}\frac{\mathrm{d}}{\mathrm{d}s}\left(\frac{1}{R_l}\right) \text{ bzw. } M = \frac{(zi)_l^2}{2}\frac{\mathrm{d}}{\mathrm{d}\varphi}\left(\frac{1}{R_l}\right)$$

und mit Einführung der Leitfähigkeit $\Lambda_l$

$$\left.\begin{aligned} P &= \frac{(zi)_l^2}{2}\frac{\mathrm{d}\Lambda_l}{\mathrm{d}s} \\ M &= \frac{(zi)_l^2}{2}\frac{\mathrm{d}\Lambda_l}{\mathrm{d}\varphi} \end{aligned}\right\} \tag{7}$$

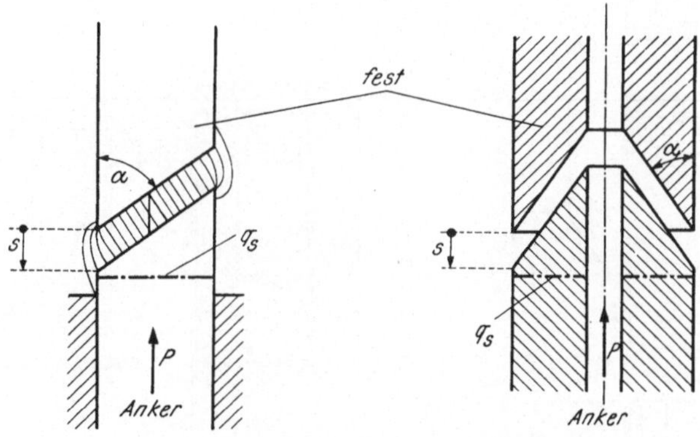


Abb. 78. Polformen von Hubmagneten

Bei den häufig vorkommenden Polformen von Hubmagneten nach Abb. 78 sind die Polflächen von Anker und festem Teil untereinander gleich, und jedes ihrer Elemente hat den gleichen Winkel $\alpha$ gegen die Bewegungsrichtung. Der Weg $s$ werde von der Deckstellung der Polflächen an gezählt, deren Abstand verhältnismäßig klein gegen ihre Ausdehnung bleibe, so daß die Randstörungen des im übrigen homogenen Feldes geringfügig sind. Die Projektion der Polflächen in Bewegungsrichtung heiße $q_s$. Es ist dann mit $\mu_0$ als spezifische Leitfähigkeit des Vakuums

$$R_l = \frac{1}{\mu_0}\frac{s\sin\alpha}{q_s/\sin\alpha} = \frac{1}{\mu_0}\frac{\sin^2\alpha}{q_s}s, \qquad \frac{\mathrm{d}R_l}{\mathrm{d}s} = \frac{1}{\mu^0}\frac{\sin^2\alpha}{q_s}.$$

$$\Lambda_l = 1/R_l = \frac{\mu_0 q_s}{\sin^2\alpha\cdot s}, \qquad \frac{\mathrm{d}\Lambda_l}{\mathrm{d}s} = -\frac{\mu_0 q_s}{s^2\sin^2\alpha}.$$

Dann liefern die Gln. (5) und (7)

$$\left.\begin{aligned} P &= -\Phi^2\sin^2\alpha/2\mu_0 q_s, \\ P &= -(zi)_l^2\cdot\mu_0 q_s/2s^2\sin^2\alpha. \end{aligned}\right\} \tag{8}$$

Kennzeichnend ist hier, daß sich bei Ankerbewegung die Leitfähigkeit des Luftfeldes durch Verlängerung des Kraftlinienbündels bei konstantem Querschnitt desselben verändert; das ergibt gemäß Gl. (8) bei konstanten Luft-AW das starke Absinken der Zugkraft mit dem Ankerweg $s$. Bei einem anderen typischen Fall, dargestellt in Abb. 79, wird bei Ankerbewegung der Querschnitt des Kraftlinienbündels bei konstanter Länge desselben verändert: $\Lambda_l = \mu_0 \dfrac{bs}{h}$. Damit liefert Gl. (7) $P = \dfrac{\mu_0 b}{2h} (zi)_l^2$.

Hier ist bei konstanten Luft-AW die Zugkraft von der Ankerstellung unabhängig!

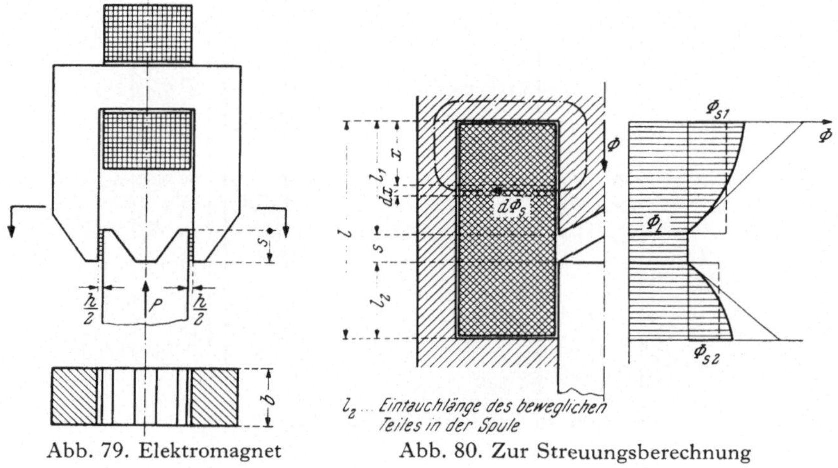

Abb. 79. Elektromagnet

Abb. 80. Zur Streuungsberechnung

Immer wenn, wie im Fall der Abb. 78, der Luftfeldwiderstand dem Weg $s$ proportional ist, ist $\dfrac{dR_l}{ds} = \dfrac{R_l}{s}$ und damit wird Gl. (5) $Ps = -\dfrac{\Phi^2}{2} R_l =$
$= -\dfrac{\Phi(zi)_l}{2}$, woraus $(zi)_l = -\dfrac{2Ps}{\Phi}$. Wenn, wie vielfach, die Steigerung der Zugkraft mit abnehmendem $s$ nicht ausgenützt wird, ist $-Ps$ die genützte Arbeit $A_g$, also gilt dann

$$(zi)_l = \frac{2A_g}{\Phi}. \tag{9}$$

Die zur Magnetisierung des Luftspalts nötigen AW sind unter den gemachten Annahmen bei gegebener genützter Arbeit $A_g$ um so kleiner, je größer der Magnetfluß beim Anfangsluftspalt ist! Gleiches gilt für Klapp- oder Drehmagnete, falls dort $R_l$ proportional dem Drehwinkel ist.

Manche Teile des Luftfeldes ändern ihren Leitwert bei Ankerbewegung nur wenig und tragen somit auch nur wenig zur Arbeitsleistung bei. Diese

Feldteile nennt man hier Streufelder. Ihre Kraftlinien gehen auch durch das Eisen, was bei dessen Bemessung eine Rolle spielt. Bei Wechselstrommagneten sind darüber hinaus die Streufelder von entscheidender Bedeutung. Bei der Abschätzung der Streufelder eines typischen Hubmagneten nach Abb. 80 schematisiert man die Form der Streukraftlinien in der gezeichneten Weise. Eine eine Längeneinheit hohe Schicht des Streuflusses zwischen Kern und Rückschluß habe den magnetischen Widerstand $r_s$. Der auf die Längeneinheit entfallende Widerstand des Eisens, und zwar Kern und Rückschluß zusammen, sei $r_e$. Umständlichkeiten werden vermieden, wenn das den Kern und den Rückschluß verbindende Eisen als widerstandslos gedacht und dafür $r_e$ etwas größer genommen wird. $\Phi$ ist der Fluß im Kern und zugleich der an der gegenüberliegenden Stelle des Rückschlusses, $\Phi_l$ der zwischen den Polflächen übergehende Fluß, $\mathrm{d}\Phi_s$ der Streufluß, der im Bereich $\mathrm{d}x$ übergeht. Bezüglich $\mathrm{d}x$ und anderer geometrischer Größen s. Abb. 80. Das Ohmsche Gesetz für Magnetismus,

angeschrieben für die angedeutete Masche, ergibt $z\,i\,\dfrac{x}{l} = \mathrm{d}\Phi_s\,\dfrac{r_s}{\mathrm{d}x} + \displaystyle\int_0^x \Phi r_e\,\mathrm{d}x$.

Offenkundig ist $\mathrm{d}\Phi_s = -\mathrm{d}\Phi$, so daß

$$z\,i\,\frac{x}{l} = -\frac{\mathrm{d}\Phi}{\mathrm{d}x}\,r_s + r_e\int_0^x \Phi\,\mathrm{d}x. \tag{10}$$

Nach $x$ differenziert, ergibt sich als Differentialgleichung für $\Phi = \Phi(x)$

$$\frac{\mathrm{d}^2\Phi}{\mathrm{d}x^2} - \Phi\,\frac{r_e}{r_s} = -\frac{z\,i}{l\,r_s}.$$

Aus Gl. (10) ergibt sich mit $x = 0$ die Randbedingung $\left(\dfrac{\mathrm{d}\Phi}{\mathrm{d}x}\right)_{x=0} = 0$ und damit eine Cosinus-Hyperbolicus-Funktion von $x$ als Lösung voriger Differentialgleichung. Weil $\dfrac{r_e}{r_s}\,x^2$ praktisch sehr klein ist, kann die genannte Funktion durch eine parabolische angenähert werden, s. Abb. 12. An den Spulenenden haben Kern und Rückschluß den Fluß $\Phi_{01} = \Phi_l + \Phi_{s1}$ bzw. $\Phi_{02} = \Phi_l + \Phi_{s2}$ zu führen. $\Phi_{s1}$, $\Phi_{s2}$ sind die Gesamtstreuflüsse. Auf Grund bekannter Parabeleigenschaften ist der Flußmittelwert in Kern und Rückschluß $\Phi_{m1} = \Phi_l + \dfrac{2}{3}\,\Phi_{s1}$ bzw. $\Phi_{m2} = \Phi_l + \dfrac{2}{3}\,\Phi_{s2}$ und $\left(\dfrac{\mathrm{d}\Phi}{\mathrm{d}x}\right)_{l_1} = -2\,\dfrac{\Phi_{s1}}{l_1}$ bzw. $\left(\dfrac{\mathrm{d}\Phi}{\mathrm{d}x}\right)_{l_2} = -2\,\dfrac{\Phi_{s2}}{l_2}$. Dann lautet Gl. (10), angeschrieben für $x_1 = l_1$ bzw. $x_2 = l_2$

$$z\,i\,\frac{l_1}{l} = 2\,\frac{\Phi_{s1}}{l_1}\,r_s + r_e\left(\Phi_l + \frac{2}{3}\,\Phi_{s1}\right)l_1 = r_e l_1 \Phi_l + 2\Phi_{s1}\,\frac{r_s}{l_1}\left[1 + \frac{1}{3}\,\frac{r_e}{r_s}\,l_1{}^2\right],$$

$$z\,i\,\frac{l_2}{l} = 2\,\frac{\Phi_{s2}}{l_2}\,r_s + r_e\left(\Phi_l + \frac{2}{3}\,\Phi_{s2}\right)l_2 = r_e l_2 \Phi_l + 2\Phi_{s2}\,\frac{r_s}{l_2}\left[1 + \frac{1}{3}\,\frac{r_e}{r_s}\,l_2{}^2\right].$$

Daraus folgt, weil die Ausdrücke in der eckigen Klammer von 1 sehr wenig abweichen,

$$\left.\begin{aligned} \Phi_{s1} &= \frac{l_1{}^2}{2r_s}\left(\frac{zi}{l} - r_e\Phi_l\right) \\ \Phi_{s2} &= \frac{l_2{}^2}{2r_s}\left(\frac{zi}{l} - r_e\Phi_l\right) \end{aligned}\right\} \tag{11}$$

Es ist also $\dfrac{\Phi_{s1}}{\Phi_{s2}} = \dfrac{l_1{}^2}{l_2{}^2}$. Das Ohmsche Gesetz für Magnetismus, angewendet auf den ganzen Eisenkreis und den Luftspalt mit seinem Widerstand $R_l$, ergibt $zi = r_e[l_1(\Phi_l + \tfrac{2}{3}\Phi_{s1}) + l_2(\Phi_l + \tfrac{2}{3}\Phi_{s2})] + R_l\Phi_l$. In Verbindung mit den Gln. (11) ergibt sich daraus mit ähnlichen Vernachlässigungen wie vorhin und mit $R_e = r_e(l_1 + l_2)$ .... magnetischer Widerstand des Eisens,

$R_s = \dfrac{r_s}{l}$ .... magnetischer Widerstand des Streupfades (bei ganz angezogenem Anker)

$$\Phi_l = \frac{zi}{R_l + R_e}, \tag{12}$$

$$\left.\begin{aligned} \Phi_{s1} &= \frac{\Phi_l}{2}\frac{R_l}{R_s}\left(\frac{l_1}{l}\right)^2 = \frac{zi}{2R_s}\left(\frac{l_1}{l}\right)^2 \Big/ 1 + \frac{R_e}{R_l}, \\ \Phi_{s2} &= \frac{\Phi_l}{2}\frac{R_l}{R_s}\left(\frac{l_2}{l}\right)^2 = \frac{zi}{2R_s}\left(\frac{l_2}{l}\right)^2 \Big/ 1 + \frac{R_e}{R_l}. \end{aligned}\right\} \tag{13}$$

Da $\Phi_l R_l = (zi)_l$, ist gemäß Gl. (13)

$$\Phi_{s1} = \frac{(zi)_l}{2R_s}\left(\frac{l_1}{l}\right)^2, \quad \Phi_{s2} = \frac{(zi)_l}{2R_s}\left(\frac{l_2}{l}\right)^2. \tag{13a}$$

Der Streufluß wird somit nur von den Luftspalt-AW getrieben und vermindert sich demgemäß mit dem Luftspaltwiderstand $R_l$ auf Null! Im Fall $l_1 = l_2$ sind die Streuflüsse untereinander gleich und ihre Summe am kleinsten. Somit wird das Eisen durch die Streuung am wenigsten belastet, wenn der Luftspalt in Spulenmitte liegt.

Alle $z$ Windungen der Spule umschlingen, s. Abb. 80, den Luftspaltfluß, $z\dfrac{l_1}{l}$ Windungen zusätzlich im Mittel den Fluß $\dfrac{2}{3}\Phi_{s1}$, $z\dfrac{l_2}{l}$ Windungen zusätzlich im Mittel den Fluß $\tfrac{2}{3}\Phi_{s2}$. Somit ist der Spulenfluß $\Psi = \Phi_l z + {} + \dfrac{2}{3} z \dfrac{l_1}{l} \Phi_{s1} + \dfrac{2}{3} z \dfrac{l_2}{l} \Phi_{s2}$. Das ergibt mit Gl. (13)

$$\Psi = z\Phi_l\left[1 + \frac{R_l}{3R_s}\frac{l_1{}^3 + l_2{}^3}{l^3}\right] \tag{14}$$

$$\text{oder} \quad \Psi = \frac{z^2 i}{R_l + R_e}\left[1 + \frac{R_l}{3R_s}\frac{l_1{}^3 + l_2{}^3}{l^3}\right]. \tag{15}$$

Es ist der Selbstinduktionskoeffizient $L = \Psi/i$, somit

$$L = \frac{z^2}{R_l + R_e}\left[1 + \frac{R_l}{3R_s} \cdot \frac{l_1{}^3 + l_2{}^3}{l^3}\right]. \tag{16}$$

Für $R_e$ ist ein Wert einzusetzen, gemäß einer Induktionsdichte, die einem Fluß $\Phi_L\left[1 + \dfrac{R_l}{3R_s}\dfrac{l_1{}^3 + l_2{}^3}{l^3}\right]$ entspricht.

Unter Umständen kann auch der Streufluß des betrachteten Magnettyps doch nennenswert zur Zugkraft beitragen, relativ am meisten bei großem $R_l$. Dann ist die Größe $\dfrac{R_l}{R_l + R_e}$ annähernd gleich 1, in welchem Fall Gl. (15) lautet

$$\Psi = z^2 i\left(\frac{1}{R_l + R_e} + \frac{1}{R_s}\frac{l_1{}^3 + l_2{}^3}{3\,l^3}\right).$$

Mit $R_e = $ konst. gibt Gl. 1 B (10) $P = \displaystyle\int\limits_0^i z^2 i\left[-\frac{\mathrm{d}R_l/\mathrm{d}s}{(R_l + R_e)^2} + \frac{l_2{}^2}{R_s l^3}\frac{\mathrm{d}l_2}{\mathrm{d}s}\right]\mathrm{d}i.$

Wenn sich $s$ um $\mathrm{d}s$ ändert, ändert sich $l_2$ um $-\mathrm{d}s$, somit ist $\dfrac{\mathrm{d}l_2}{\mathrm{d}s} = -1$ und

man erhält mit $R_s = \dfrac{r_s}{l}$: $\quad -P = \dfrac{(zi)^2}{2}\dfrac{\mathrm{d}R_l/\mathrm{d}s}{(R_l + R_e)^2} + \dfrac{(zi)^2}{2}\dfrac{(l_2/l)^2}{r_s}.$

Der erste Anteil ist die von früher bekannte magnetische Zugkraft zwischen den Polen, der zweite Anteil ein Teil der Reaktion jener Kraft, welche die Spulenleiter im Streufeld erfahren. Unter den gemachten Voraussetzungen ist dieser elektrodynamische Zugkraftanteil somit groß, wenn der bewegliche Kernteil, also der Anker, relativ tief in die Spule eintaucht und $r_s$ klein ist, wie beim Topfmagneten, Abb. 82. Die Kraftlinien gehen hier radial, und es wird mit den in Abb. 81a eingetragenen Durchmessern $d_a$ und $d_i$

$$r_s = \frac{1}{\mu_0}\int\limits_{d_i/2}^{d_a/2}\frac{\mathrm{d}r}{2r\pi\cdot 1} = \frac{1}{2\pi\mu_0}\ln\frac{d_a}{d_i}. \tag{17}$$

Die elektrodynamische Zugkraft ist hier somit $\pi\mu_0\left(\dfrac{l_2}{l}zi\right)^2\Big/\ln\dfrac{d_a}{d_i}$ unter der Voraussetzung von früher, daß der Luftspaltwiderstand nicht unter dem 10fachen Eisenwiderstand ist. Bei anderen Formen des Querschnitts durch Kern und Rückschluß, etwa nach Abb. 81 b, ist das Feldbild erst zu ermitteln, praktisch durch Anlegen eines quadratischen Netzes aus Kraft- und Potentiallinien. Ein eine Längeneinheit hoher Quader mit quadratischer Grundfläche $a \times a$ hat den magnetischen Widerstand $\dfrac{1}{\mu_0}\cdot\dfrac{a}{a\cdot 1} = \dfrac{1}{\mu_0}$, also unabhängig von $a$! Wird durch das Netz jede Kraftlinie in $k$, jede Potentiallinie in $p$ Teile zerlegt, dann sind $p$ Gruppen von $k$ hintereinandergeschalteten Quadern parallelgeschaltet, und somit ist $r_s = \dfrac{1}{\mu_0}\dfrac{k}{p}$.

**Gleichstrommagnete.** Die Stromaufnahme und die AW sind hier nur durch den Widerstand der Spule und die Klemmenspannung gegeben, also von der Ankerstellung unabhängig. Daher sinkt bei den gebräuchlichen Bauformen, welche der Abb. 78 entsprechen, die Zugkraft mit wachsendem Luftspalt.

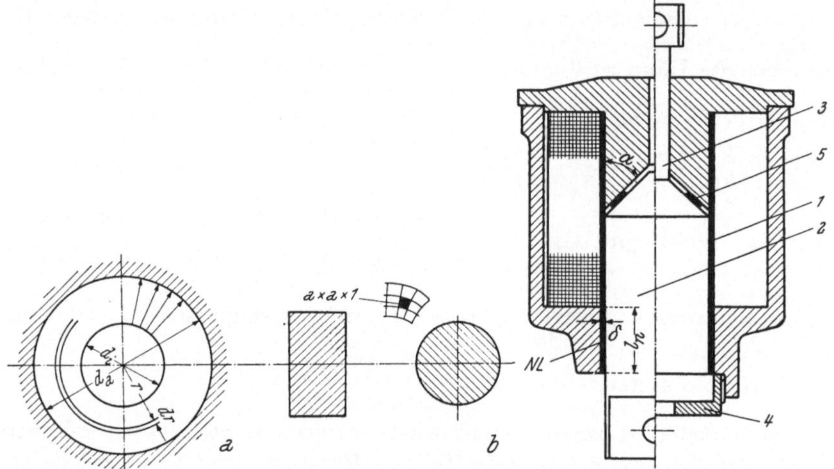

<table>
<tr><td>Abb. 81. Berechnung des Streupfadwiderstandes</td><td>Abb. 82. Topfmagnet</td></tr>
</table>

**Bauformen von Gleichstrom-Hubmagneten.** Die verbreitetste ist der Topfmagnet, Abb. 82, so genannt, weil die Spule in einem geschlossenen Topf untergebracht ist (hohe Schutzart). Das Führungsrohr _1_ für den Anker _2_ muß unmagnetisch sein (Messing). Links in der Abbildung ist ein Zug-, rechts ein Druckmagnet gezeigt. Das Druckstück des letzteren, _3_, muß aus unmagnetischem Stoff sein, ebenso der Anschlag _4_, sonst erzeugt er Gegenzugkraft. Topf und Deckel mit Kernansatz sind meist aus Stahlguß. Bei $NL$ muß der Kraftfluß quer durch das Messingrohr gehen. Um den zusätzlichen AW-Aufwand dieser Stelle klein zu halten, wählt man die Länge $l_n$ groß, dagegen wäre eine zu kleine Dicke $\delta$ unvorteilhaft: Innerhalb des Führungsspiels stellt sich nämlich der Anker exzentrisch und wird mit einer Reibung erzeugenden Kraft an das Führungsrohr gedrückt, welche mit abnehmendem $\delta$ ansteigt. Aus analogem Grund soll der Winkel $\alpha$ nicht unter $20°$ gemacht werden.

Der Raum zwischen Spule und Topfwand muß im allgemeinen wegen der Wärmeableitung mit Gießharz (schwieriges Auswechseln der Spule) oder mit Vergußmasse (gestattet wegen geringer Temperaturbeständigkeit nicht, jene des Wicklungsdrahtes auszunützen) ausgefüllt sein; falls keine hohe Schutzart nötig ist, läßt man daher die Umgebungsluft an die Spule heran, indem der Topf durchbrochen, Abb. 83, oder ein Tempelmagnet nach Abb. 84 genommen wird, dessen Eisenkreis aus Rundstahl und Grob-

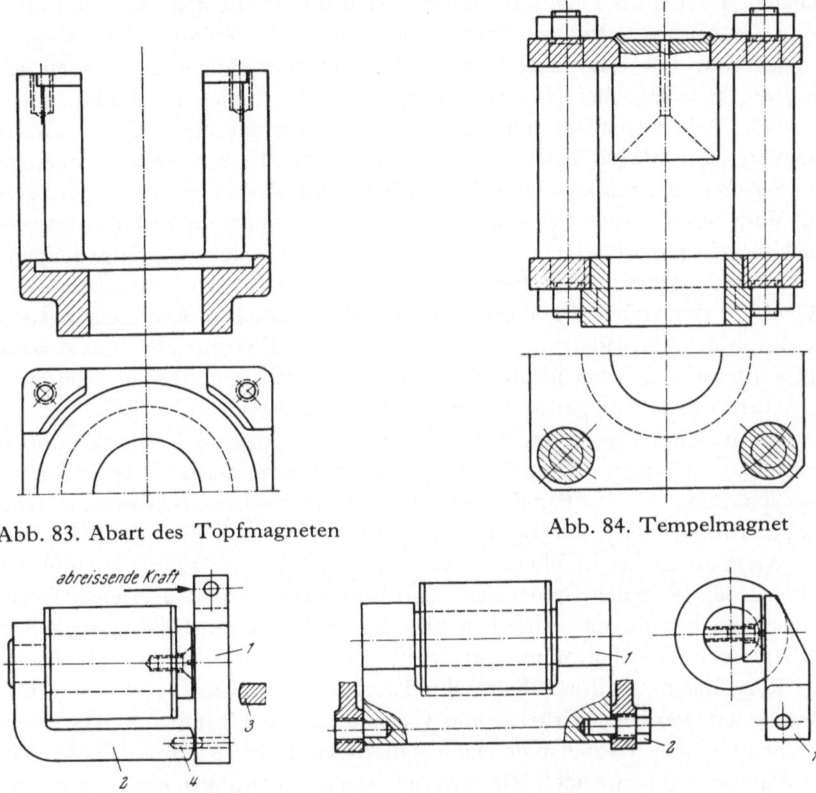



Abb. 83. Abart des Topfmagneten

Abb. 84. Tempelmagnet

Abb. 85. Klappmagnet

Abb. 86. Klappmagnet

blech aufgebaut ist, was bei Herstellung von nur wenigen Magneten günstig ist. Stets muß ein Restluftspalt zur Vermeidung des „Klebens" infolge Remanenz verbleiben. Dazu dient etwa die konische Hülse 5 aus Messing.

**Bauformen von Gleichstrom-Klappmagneten.** Bei der primitiven, aber häufig sehr vorteilhaften Form nach Abb. 85 wälzt sich der Anker 1 auf dem balligen Ende des festen Schenkels 2 ab. Dort darf sich der Anker auch bei unerregtem Magneten nicht abheben, was durch entsprechende Lage des Anschlags 3 und der Lage und Richtung der abreißenden Kraft erzielt werden kann. Damit der Anker auf dem Schenkel 2 nicht verrutscht, hat beispielsweise ersterer zwei Bohrungen, in welche im festen Schenkel eingesetzte, etwas ballige Stifte 4 mit reichlichem Spiel eingreifen. Wesentliche Belastung dürfen sie nicht aufnehmen! Da der Luftspalt am Spulenende sitzt, ist die Streuung groß; sie wird durch den relativ kleinen Wert von $r_s$ gemildert. Der elektrodynamische Zugkraftanteil fehlt hier.

Beim Klappmagneten nach Abb. 86 sind zwei Luftspalte in Reihe geschaltet. Der Anker *1* hat C-förmige Gestalt und dreht sich um zwei in das feste Gestell eingeschraubte Zapfenschrauben *2*. Die Streuung ist gering.

**Zubehör für Gleichstrommagnete.** Im allgemeinen sind wegen geringerer mechanischer Trägheit Klappmagnete flinker als Hubmagnete gleicher Arbeitsleistung. Die magnetische Trägheit eines Gleichstrommagneten wird durch Vorschalten eines Widerstandes herabgesetzt. Solange der Strom in der Spule noch nicht den Beharrungswert erreicht hat, drosselt der Widerstand weniger Spannung ab als bei vollem Strom und die Magnetwicklung liegt vorübergehend an einer höheren als der endgültigen Spannung. Das erklärt das raschere Arbeiten, aber auch, daß die Isolation der Wicklung der vollen Spannung standzuhalten hat. Der Energieverbrauch ist durch den Vorwiderstand naturgemäß erhöht. Das Anziehen des Ankers eines Elektromagneten ist durch die entstehende Gegen-EMK gedämpft, und zwar um so weniger, je höher der Spulenkreiswiderstand ist.

Damit beim Abschalten von Magnetspulen geringere Überspannungen entstehen, gibt man der Spule von größeren Magneten bei höherer Klemmenspannung einen Parallelweg, dessen ohmscher Widerstand etwa 5 .... 10 mal dessen der Spule ist. Das vermehrt den Energiebedarf und verzögert etwas das Abfallen. Wirbelströme im Eisen selbst als auch in geschlossenen leitenden Spulenkästen, Führungsrohren und dergleichen verlangsamen sowohl das Anziehen wie das Abfallen, weshalb in manchen Fällen auch Gleichstrommagnete geblättertes Eisen erhalten, andrerseits bei Relaismagneten durch Kurzschlußwicklungen gewünschte Verzögerungen erzielt werden. Wirbelströme verkleinern die Überspannungen beim Abschalten der Magnetspule ohne dauernden Energieverbrauch, wie ihn der Parallelweg verursacht. Hinzuweisen ist auf Schaltungen mit einer Sperrzelle im Kreis der Kurzschlußwicklung oder im Parallelweg oder parallel zur Spule selbst. Falls das Ansteigen der Zugkraft mit abnehmendem Luftspalt nicht oder nur zum Teil verwertet wird, gibt man größeren Magneten einen Vorwiderstand, welcher durch einen vom Magneten betätigten Schalter bei großen Luftspalten kurzgeschlossen ist; knapp vor Erreichen der Endstellung hebt der Schalter den Kurzschluß auf und verringert so den dauernden Energieverbrauch.

**Berechnung der Gleichstrommagnete.** Der elektrodynamische Zugkraftanteil ist hier meist unbedeutend. Gegeben sei die genutzte Arbeit $A_g$ und deren Aufteilung auf $P$ und $s$ (dabei Restluftspalt berücksichtigen!). Es sei also die Zunahme der Zugkraft mit abnehmendem Luftspalt uninteressant. Es ist eine Magnetform nach Abb. 80, 82, 83, 84 oder 88b angenommen; auf andere kann leicht sinngemäß übertragen werden. Zunächst muß der Querschnitt $q_k$ des Kernes gewählt werden. Je größer $q_k$, desto kleiner der Energieverbrauch. Wie später begründet, muß $P/q_k <$ $< 7$ kp/cm² sein. Wenn $B_k$ die Induktionsdichte im Kern nahe dem Luftspalt ist (gegen die Spulenenden steigt sie an), kann mit $\Phi = B_k \cdot q_k$ die Gl. (9) geschrieben werden

$$(zi)_l = \frac{2A_g}{B_k q_k}.\tag{18}$$

In Abhängigkeit von steigendem $B_k$ sinkt der AW-Bedarf für den Luftspalt nach der Hyperbel in Abb. 87 und steigt der AW-Bedarf $(zi)_e$ für das Eisen in Form einer Magnetcharakteristik. Für eine gewisse Kerninduktion $B_k$ — ihre Wahl ergibt den bezüglich Energiebedarf vorteilhaftesten Magneten — wird die Summe $zi = (zi)_l + (zi)_e$ zu einem Minimum, wie Abb. 87 zeigt. Auch für recht unterschiedliche Fälle hält sich die optimale Kerninduktion in den Grenzen von 12 500 bis 13 500 Gauß. Ein Magnet aber, der im „Berechnungspunkt" 5000 oder 20 000 Gauß als kleinste Kerninduktion hat, ist sicher weit vom Optimum entfernt. Mit $q_k$ ist der Innenradius der Spule bestimmt. Das Verhältnis $d_a/d_i$ bei einem Topfmagneten

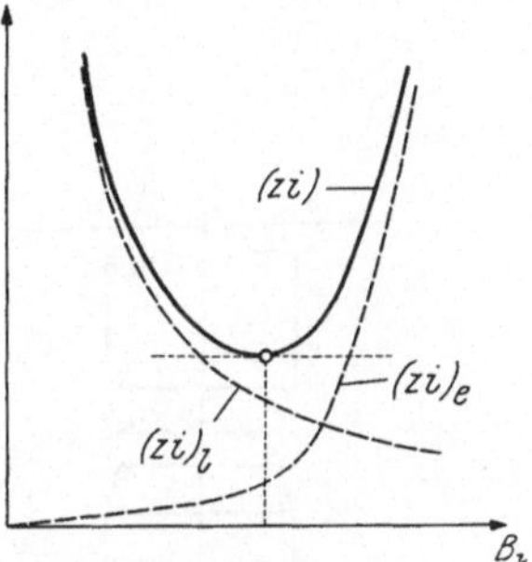



Abb. 87. Amperewindungsbedarf als Funktion von $B_K$

wird mit Rücksicht auf Gl. (17) nicht unter 1,8 gewählt. Nunmehr werden die Luftspalt-AW nach Gl. (18) bestimmt und ein Zuschlag von 20 bis 25% für das Eisen und den Nebenluftspalt (*NL* in Abb. 82) gemacht, so daß die tatsächlichen AW der Spule vorläufig bekannt sind. Gemäß dem Kapitel über Spulen kann dann die Spulenlänge berechnet und anschließend der Eisenkreis festgelegt werden; die Querschnitte außerhalb des Kernes wähle man dabei reichlich, denn sie beeinflussen die mittlere Windungslänge der Spule nicht. Die Streuflüsse werden nach Gl. (13a) berechnet, ihre Verteilung ist bekannt, und somit können die AW für das Eisen bestimmt werden, indem man es in Teile mit stückweise annähernd konstanter Induktion zerlegt. Falls die so ermittelten Gesamt-AW von den ursprünglich angenommenen nennenswert abweichen, ist die Rechnung zu berichtigen. Setzt man in Gl. (8) $\Phi = B_k \cdot q_k$ ein, wird

$$P = -\frac{B_k^2 q_k}{2\mu_0}\frac{q_k}{q_s}\sin^2\alpha.\tag{19}$$

Beim Magneten nach Abb. 82 ist $q_k/q_s = 1$ und der Kegelwinkel $\alpha$ ist gemäß Gl. (19) bestimmt durch $\sin\alpha = \sqrt{\dfrac{2\mu_0 P}{B_k^2 q_k}}$. Da $\sin\alpha \leqq 1$ bleiben muß, muß $\dfrac{P}{q_k} \leqq \dfrac{B_k^2}{2\mu_0}$ sein. Das würde für $B_k = 12\,000$ Gauß $P/q_k = 6\,\mathrm{kp/cm^2}$ ergeben und damit von vornherein einen Mindestwert für $q_k$. Beim Topfmagneten kann konstruktiv $q_s > q_k$ nicht ausgeführt werden, wohl aber $\alpha = 90°$ (ebene Polflächen) und dabei $q_s < q_k$. Dann ergibt sich $P/q_k$ größer. Man darf aber die Polfläche nicht viel kleiner als $q_k$ machen, siehe Abb. 88a, damit nicht örtlich hohe Eiseninduktionen (Sättigungen) entstehen. Das erklärt die oben angegebene Grenze $P/q_k < 7\ \mathrm{kp/cm^2}$. Gemäß Gl. (19) kann die konische Ausbildung der Polflächen ersetzt werden durch

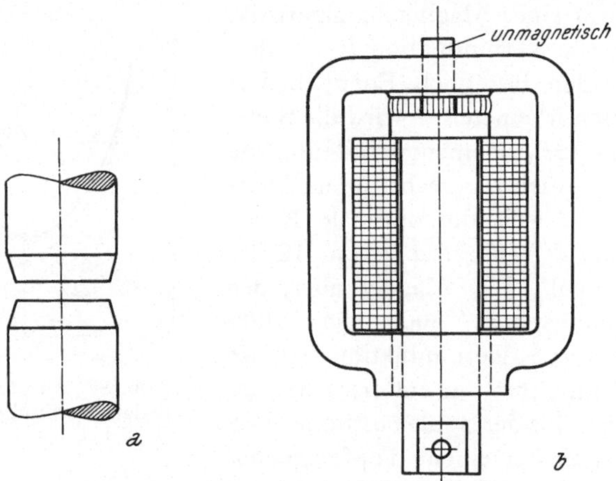



Abb. 88. Polformen mit verschiedenem $q_K : q_s$

auf den Kern gesetzte ebene Polschuhe ($q_k/q_s < 1$), falls das die Magnetform gestattet, wie z. B. in Abb. 88b.

Bei Ankerwegen $s$, die bis etwa doppelt so groß sind als der des „Berechnungspunktes", kann die zugehörige Zugkraft ziemlich sicher angegeben werden, da in diesem Bereich der Widerstand des Eisens nicht sehr groß ist und konstant angenommen werden darf. Schreibt man die Gl. (12) einmal für den Berechnungspunkt an und ein anderes Mal wieder mit $z i$ und $R_e$, jedoch mit den Werten $\Phi'$ und $R_l'$, die zu einem Ankerweg $s' > s$ gehören, dann kann aus den beiden Gleichungen $R_e$ eliminiert werden, wobei herauskommt $1 - \dfrac{\Phi_l}{\Phi_l'} = \dfrac{R_l \Phi_l}{z i}\left(1 - \dfrac{R_l'}{R_l}\right)$. Es ist $R_l'/R_l = s'/s$, $\Phi_l/\Phi_l' =$

$= \sqrt{\dfrac{P}{P'}}$ und $\dfrac{R_l \Phi_l}{z i} = \dfrac{(z i)_l}{z i}$, welches Verhältnis vom Berechnungspunkt her bekannt ist. Damit erhält man

$$P/P' = \left[1 - \left(1 - \frac{s'}{s}\right)\frac{(z i)_l}{z i}\right]^2 \tag{20}$$

oder auch

$$s'/s = 1 - \left(1 - \sqrt{\frac{P'}{P}}\right)\frac{zi}{(zi)_l}.\tag{21}$$

Der Magnet habe das Kraft-Weg-Diagramm Abb. 89 zu erfüllen, wie es bei einem Schütz auftritt. Rechnet man mittels Gl. (20) mit $P = P_I$, $s = s_I$, $s' = s_{II}$ die Kraft $P'$ und erweist sie sich größer als $P_{II}$, dann ist $I$ der Berechnungspunkt. Trifft dies nicht zu, dann ist nicht etwa Punkt $II$ der vorhin geschilderten Magnetberechnung zugrunde zu legen. Legt man aber, s. Abb. 89, durch Punkt $II$ eine Kurve, die der Gl. (20) oder (21) mit $P$ und $s$ als laufenden Koordinaten entspricht, wobei also $P' = P_{II}$, $s' = s_{II}$, dann genügt offenbar ein Magnet mit dem Punkt $B$ der Abb. 89 als Be-

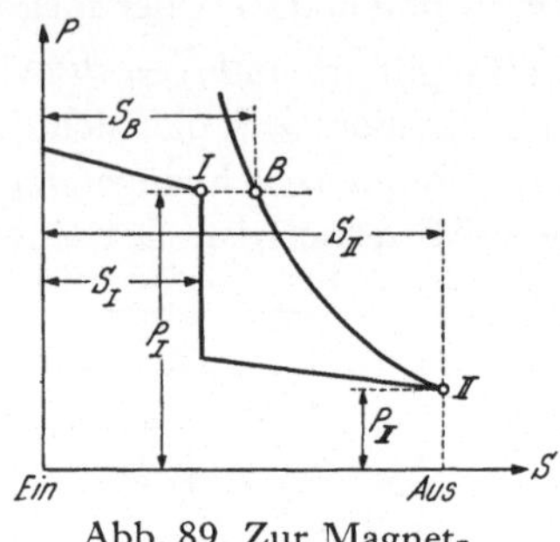

Abb. 89. Zur Magnetberechnung

rechnungspunkt. Der Magnet ist somit für eine Kraft $P = P_I$ bei einem

Ankerweg $s_B = s_{II} / 1 - \left(1 - \sqrt{\dfrac{P_{II}}{P_I}}\right)\dfrac{zi}{(zi)_l}$ zu berechnen, wobei er allerdings nicht optimal bemessen ist, was hier sehr schwierig durchzuführen wäre. Bei der Berechnung von Elektromagneten sind die Schwankungen der Betriebsspannung zu berücksichtigen.

**Wechselstrommagnete.** Ihr Eisen muß geblättert sein, daher kommen Formen wie der Topfmagnet nicht vor. Der Widerstand der Spule ist vorwiegend induktiv, ändert sich daher mit dem magnetischen Widerstand des Luftspaltes, d. h. mit der Ankerstellung, s. Gl. (16). Somit ist bei konstanter Spulenklemmenspannung der Spulenstrom bei angezogenem Anker am kleinsten, und die Spule wird in der Regel nur für diesen Dauerstrom bemessen. Dann ist bei größtem Luftspalt der Strom so groß, daß die Spule verbrennt, wenn der Anker, z. B. bei gesunkener Netzspannung, nicht anziehen kann. Entsprechend dem Wechselstrom geht die Zugkraft je Halbwelle einmal durch Null, pulsiert also, und bei zeitlich konstanter Gegenkraft würde der Anker im angezogenen Zustand heftig rattern, so daß dagegen Mittel anzuwenden sind.

Auch beim Wechselstrommagneten sinkt wie bei den gewöhnlichen Formen des Gleichstrommagneten die Zugkraft mit steigendem Luftspalt, wenn auch aus einem anderen Grund. Bei sinusförmiger Klemmenspannung, Effektivwert $U$, muß der Spulenfluß $\Psi$, falls der ohmsche Spulenwiderstand zu vernachlässigen ist, ebenfalls sinusförmig mit der gleichen Kreisfrequenz $\omega$ sein und einen aus $\omega\Psi = U$ folgenden Effektivwert haben, unabhängig von der Ankerstellung. Gemäß Gl. (14) ist somit der

Effektivwert des Luftspaltflusses

$$\Phi_l = U/\omega z \left[ 1 + \frac{R_l}{3R_s} \frac{l_1{}^3 + l_2{}^3}{l^3} \right]. \tag{22}$$

Natürlich gilt diese Gleichung auch mit den Scheitelwerten von $\Phi_l$ und $U$! Der Momentanwert der magnetischen Zugkraft ist proportional $(\text{mom}\,\Phi_l)^2$, wofür gilt $(\text{mom}\,\Phi_l)^2 = (\Phi_l\sqrt{2}\,\sin\omega t)^2 = \Phi_l{}^2(1 - \cos 2\omega t)$. Somit gilt bezüglich $(\text{mom}\,\Phi_l)^2$, daß sich dem Mittelwert $\Phi_l{}^2$ ein mit doppelter Wechselstromfrequenz schwingender Anteil überlagert, dessen Amplitude gleich dem Mittelwert ist. Der Zugkraftmittelwert folgt somit aus Gl. (5), wenn

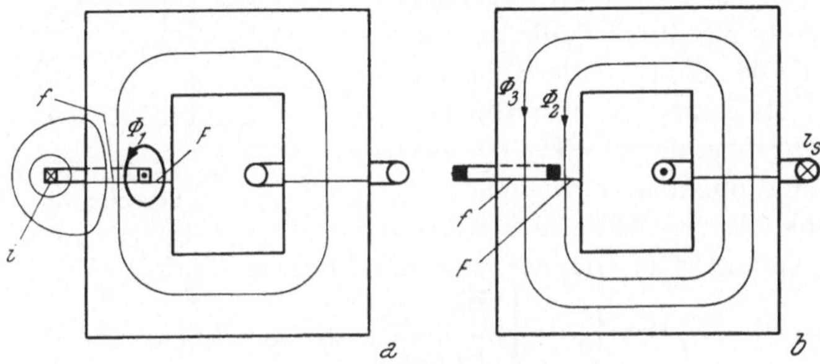



Abb. 90. Dämpferring

dort $\Phi$ den Effektivwert des Flusses bedeutet. Für Polformen, für welche

$$\frac{\mathrm{d}R_l}{\mathrm{d}s} = \frac{R_l}{s} = r_l = \text{konst. ist, s. z. B. Abb. 78, gilt somit für den Mittelwert}$$

der Magnetzugkraft $P = \dfrac{r_l}{2}\,\Phi_l{}^2$ und mit Gl. (22) und kleiner Umformung

$$P = \frac{r_l}{2}\left(\frac{U}{\omega z}\right)^2 \bigg/ \left(1 + \frac{r_l}{3r_s}\frac{l_1{}^3 + l_2{}^3}{l^3}\, l\cdot s\right)^2. \tag{23}$$

Darin kommt die Abnahme der magnetischen Zugkraft mit dem zunehmenden Ankerweg $s$ deutlich zum Ausdruck ($r_l$ hat die Bedeutung: Luftspaltwiderstand für $s = 1$). Beim Wechselstrommagneten ist wegen der hohen Stromaufnahme bei großen Luftspalten die elektrodynamische Zugkraft unter Umständen von Bedeutung.

**Dämpferring.** Der Dämpferring, auch Kurzschlußring, ist das praktisch allein angewendete Mittel gegen die zeitlich periodischen Zugkraftschwankungen. Es wirkt nur bei angezogenem Anker. Das Eisen des Magneten hat von der einen Polfläche aus eine oder zwei Nuten eingearbeitet, s. Abb. 90, zur Aufnahme eines rechteckigen leitenden Ringes. Von der Polfläche $F + f$ ist somit ein Teil $f$ vom Dämpferring umschlossen, der Teil $F$ nicht umschlossen. Im Dämpferring wird durch einen Wechselfluß eine

EMK induziert und ein Strom $i$ hervorgerufen. Dabei entstehen in $f$ bzw. $F$ untereinander phasenverschobene Flüsse, und die Zugkraft des Poles geht nie durch Null. Von den in Abb. 90a symbolisierten Flüssen, welche der Dämpferstrom $i$ hervorruft, hat einzig der stark angedeutete, $\Phi_1$, nennenswerte Stärke, weil die Leitfähigkeit $\Lambda$ seines Pfades wesentlich größer ist als die der anderen. Da bei geschlossenem Luftspalt keine Streuung besteht, erzeugt der Spulenstrom die in Abb. 90b symbolisierten Flüsse $\Phi_3$ und $\phi_2$, deren Summe der Fluß $\Phi$ durch die Spule ist:

$$\Phi = \Phi_2 + \Phi_3. \tag{24}$$

Ohne weiteres ist erkennbar, daß $\dfrac{\Phi_2}{\Phi_3} = \dfrac{F}{f}$, was mit Gl. (24) ergibt

$$\Phi_2 = \Phi \frac{F}{F+f}, \quad \Phi_3 = \Phi \frac{f}{F+f}. \tag{25}$$

Der wirkliche Zustand ergibt sich durch Überlagerung von Abb. 90a und b. Dämpferring und Polfläche $f$ werden vom Fluß $\Phi_f = \Phi_1 + \Phi_3$ durchsetzt, welcher mit Rücksicht auf Gl. (25) ist

$$\Phi_f = \Phi_1 + \Phi \frac{f}{F+f}. \tag{26}$$

Die Polfläche $F$ wird vom Fluß $\Phi_F = \Phi - \Phi_f$ durchsetzt.

Für den Dämpferring vom ohmschen Widerstand $R$ gilt die Spannungsgleichung

$$Ri = -\frac{\mathrm{d}\Phi_f}{\mathrm{d}t}. \tag{27}$$

Da es sich um *eine* Windung handelt, ist die Leitfähigkeit $\Lambda$ identisch mit dem Selbstinduktionskoeffizienten $L$ des Ringes. Somit ist $i = \dfrac{\Phi_1}{\Lambda} = \dfrac{\Phi_1}{L}$, was in Gl. (27) eingesetzt wird: $\Phi_1 = -\dfrac{L}{R}\dfrac{\mathrm{d}\Phi_f}{\mathrm{d}t}$. In Gl. (26) eingesetzt, gibt das

$$\Phi_f + \frac{L}{R}\dot\Phi_f = \Phi \frac{f}{F+f}. \tag{28}$$

Für den eingeschwungenen Zustand sind $\Phi$, $\Phi_f$, $\dot\Phi_f$ Zeigergrößen. Bei einem mit Kreisfrequenz=Winkelgeschwindigkeit $\omega$ rotierenden Zeiger $A$ ist der Zeiger $\dot A$ durch die Umfangsgeschwindigkeit von $A$ dargestellt, deren Betrag $\dot A = \omega A$ ist. Damit ist das der Gl. (28) entsprechende Kreisdiagramm Abb. 91 verständlich. Für den Winkel $\varphi$ gilt $\operatorname{tg}\varphi = \dfrac{\omega L}{R}$. Mit Rücksicht auf $\Phi_f + \Phi_F = \Phi$ kann dem Diagramm auch $\hat\Phi_F$ entnommen werden und der

Winkel $\psi$ von $\widehat{\Phi}_F$ gegen $\widehat{\Phi}_f$. In den Flächen $F$ bzw. $f$ entstehen gemäß Gl. (8) Zugkräfte $P_F = \dfrac{1}{2\mu_0}\dfrac{\Phi_F{}^2}{F}$ bzw. $P_f = \dfrac{1}{2\mu_0}\dfrac{\Phi_f{}^2}{f}$. Entsprechend den Erläuterungen zwischen den Gln. (22) und (23) gilt für die Zugkraft der beiden Flächen zusammen, also des ganzen Pols:

1. Der zeitliche Zugkraftmittelwert ist $P = \dfrac{1}{4\mu_0}\left(\dfrac{\widehat{\Phi}_F{}^2}{F} + \dfrac{\widehat{\Phi}_f{}^2}{f}\right)$.

2. Diesem Zugkraftmittelwert überlagert sich eine Sinusschwingung einer Kreisfrequenz $2\omega$ und einer Amplitude, welche die geometrische Summe der Zeiger $\dfrac{1}{4\mu_0}\dfrac{\widehat{\Phi}_F{}^2}{F}$ und $\dfrac{1}{4\mu_0}\dfrac{\widehat{\Phi}_f{}^2}{f}$ ist, welche miteinander den Winkel $2\psi$ einschließen.

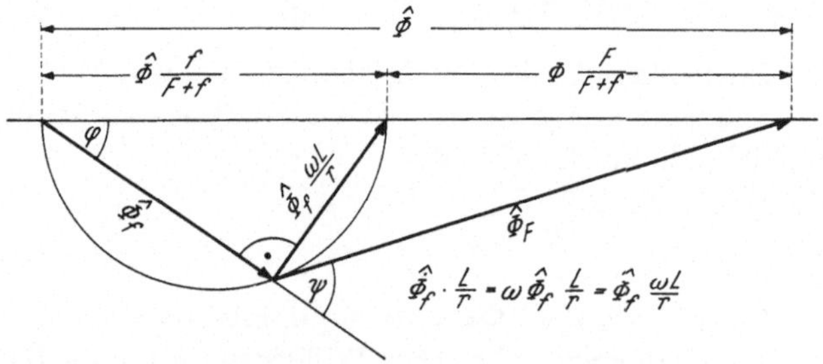

Abb. 91. Kreisdiagramm zum Dämpferring

Die Sinusschwingung verschwindet somit nur, wenn $2\psi = 180°$, $\psi = 90°$ ist und die Mittelwerte der Teilflächenzugkräfte untereinander gleich sind. Letzteres ist erreichbar, ersteres dagegen nicht, wie die Abb. 91 lehrt. Schon bei Vorhandensein eines kleinen Luftspaltes ist der Dämpferring wirkungslos, denn die Verkleinerung von $L$ durch den hohen magnetischen Widerstand der Luft verkleinert $\varphi$ und $\psi$. Es ist daher sattes Aufliegen des Ankers auf der Gegenfläche Grundbedingung für Ratterfreiheit! Günstige Verhältnisse ergeben sich bei $f/F = 1$ bis 2. Daß bei geometrisch ähnlichen Ausführungen, die mit der gleichen Frequenz betrieben werden, das Material des Dämpferringes mit wachsender Typengröße an Leitfähigkeit abnehmen soll, läßt sich schon aus der dimensionslosen elektromagnetischen Kennzahl (s. unter Berechnung der Wechselstrommagnete sowie Abschn. I A b) folgern: $\varphi$ und damit $\psi$ bleiben nur gleich, wenn die Kennzahl gleichen Wert hat.

**Bauformen von Wechselstrommagneten.** Bei Wechselstrommagneten werden gewöhnlich 1 mm starke, einseitig isolierte Dynamobleche verwendet, welche durch Nieten, neuerdings auch durch Kleben, miteinander zum Blechpaket verbunden werden. Der Schlagbeanspruchung wegen und

im Sinne der Einfachheit werden die Niete nicht isoliert, daher ist zur Ein-
dämmung der Wirbelströme nur ein Niet je Querschnitt, und zwar in dessen
Mitte, anzuordnen. Das Aufblättern der Bleche an den Paketrändern wird
verhindert durch beidseitig mitgenietete, gleichzeitig der Kraftübertragung
dienende Endplatten aus Messing oder aber dadurch, daß zwei bis drei un-
isolierte „Endbleche", die durch Punktschweißen miteinander verbunden
sind, mitgenietet werden. Erfahrungsgemäß neigen die Dämpferringe zu
Brüchen, weswegen sie nahtlos sein sollen; z. B. schneidet man sie aus
einem gezogenen Vierkantrohr ab oder man stanzt Scheiben gemäß Abb. 92
aus, die längs der strichlierten Linien abgekantet werden. Die Dämpfer-

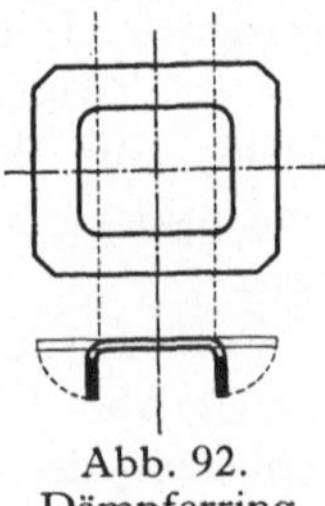

Abb. 92.
Dämpferring

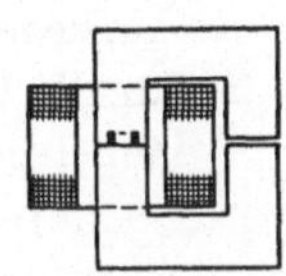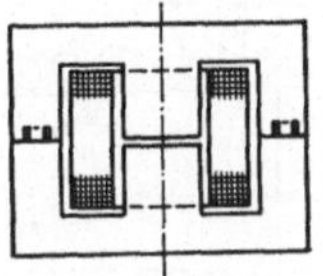

Abb. 93. Zweischenkel- und Dreischenkelmagnet

ringe werden streng passend in die Nuten eingebracht, deren Ränder dann
(vor dem Schleifen der Polflächen) aufgestaucht werden. Der Aufbau aus
Blech schränkt die Mannigfaltigkeit der Formen des Eisenkörpers wesentlich
ein. Am verbreitetsten sind der Zweischenkel- und der Dreischenkelmagnet, s. Abb. 93. Ersterer wird nur bei Klappmagneten angewendet,
s. Abb. 94. Der Dämpferring gehört naturgemäß in den Schenkel mit dem
größeren Abstand von der Drehachse; für den Restluftspalt bleibt der andere
Schenkel! Die dort auftretende Zugkraft darf zu keinem Klaffen der Polflächen im anderen Schenkel führen, die Starrheit der Konstruktion ist
daher wichtig. Der Dreischenkelmagnet wird vorwiegend bei Hubmagneten
verwendet; es ist erklärlich, daß dann jeder der beiden Außenschenkel einen
Dämpferring bekommen muß; der Restluftspalt ist dann im Mittelschenkel.
In dieser Ausführung wird der Dreischenkelmagnet aber auch als Klappmagnet mit Drehachse parallel zur Ebene der drei Schenkel gebaut. Beim
Dreischenkelmagnet ist zur Beurteilung der Zugkraftpulsationen auch der
Fluß im Mittelschenkel zu berücksichtigen. Der Verlauf der magnetischen
Zugkraft mit dem Ankerweg wird, wie aus Gl. 23 hervorgeht, sehr von der
Lage des Luftspalts innerhalb der Spule beeinflußt. Liegt er in Spulen-
mitte, fällt die Magnetzugkraft mit steigendem Ankerweg am wenigsten
ab. Die elektrodynamische Zugkraft ist am größten, wenn der Anker
möglichst tief in die Spule eintaucht, also der Luftspalt am (richtigen!)
Spulenende ist.

Nicht nur die genaue Form der Polflächen beim Dämpferring (sie neigt übrigens unter dem Einfluß der Stöße beim gegenseitigen Auftreffen zu

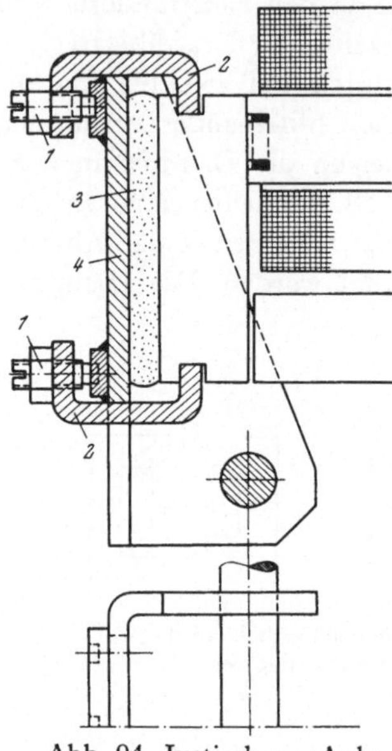

Abb. 94. Justierbarer Anker

Veränderungen) ist Bedingung für sattes Aufliegen und damit für Ratterfreiheit, sondern auch die kinematische Möglichkeit satter Auflage. Diese Möglichkeit kann geschaffen werden durch

1. Wahl des Herstellungsverfahrens (bei Klappmagneten). Die Polflächen werden genau plangeschliffen, am besten nachdem Anker und fester Teil mit den sie tragenden Teilen verbunden worden sind. In diesen beiden Teilen werden, im Zustand satten Aufliegens der Polflächen, die Bohrungen für die Drehachse gemeinsam gebohrt und gemeinsam aufgerieben.

2. Justierbarkeit. Ein diesbezügliches Ausführungsbeispiel zeigt Abb. 94. Durch Anziehen bzw. Nachlassen der drei im Dreieck angeordneten Stellschrauben *1* kann in Verbindung mit den U-Bügeln *2* und der Gummiplatte *3* der Polfläche des Ankers (innerhalb des kleinen nötigen Bereichs) jede beliebige Richtung gegenüber dem Ankerhebel *4* gegeben werden. Man justiert am fertig montierten Gerät bei erregtem Magneten, bis er nicht mehr brummt.

3. Selbsteinstellung bei Dreischenkelmagneten. Diese Maßnahme ist bei Hubmagneten praktisch die allein anwendbare. Sie hat den Vorteil, bei Veränderungen durch Abnützung länger wirksam zu bleiben. Führt man den Anker eines Hubmagneten mit Spiel und macht man, falls er über Hebel oder dergleichen zu wirken hat, die Verbindung mit diesen kardanartig, dann können sich die Polflächen unter Wirkung eines Zugkraftüberschusses satt aufeinanderlegen. Die einfachste hierher gehörende Anordnung, die bei kleineren Schützen weit verbreitet ist, ist der mit Spiel geradegeführte Anker, mit welchem der Träger von Schaltbrücken starr verbunden ist. So einfach der Gedanke der Selbsteinstellung ist, so schwierig kann die befriedigende Verwirklichung sein!

**Berechnung der Wechselstrommagnete.** Ein direkter Berechnungsgang ist nicht angebbar, es geht ohne vorläufige Schätzungen nicht ab, welche je nach dem Ergebnis der darauf beruhenden Rechnungen nötigenfalls berichtigt werden müssen. Da auch die verwendeten Gleichungen auf vereinfachenden Annahmen ruhen, sind meist Messungen an Probeausführungen zur endgültigen Festlegung unvermeidlich. Sind diese maßstäblich verkleinerte Modelle, dann sind bei Versuchen mit ihnen die Regeln der Modelltheorie zu beachten, s. den Schluß dieses Kapitels.

Wenn die Zunahme der Zugkraft mit abnehmendem Luftspalt nicht interessiert, also $A_g = -P \cdot s$ maßgebend ist, berücksichtige man, daß es eine Ankerstellung gibt, von der ausgehend $A_g$ ein Maximum wird. Aus Gl. (23)

folgt $A_g = C s \Big/ \left(1 + \dfrac{r_l}{3 r_s} \dfrac{l_1{}^3 + l_2{}^3}{l^2} s\right)^2$. $A_g$ als Funktion von $s$ wird ein Extrem,

falls $\dfrac{\mathrm{d} A_g}{\mathrm{d} s}$ verschwindet. Dies tritt ein für $s = \dfrac{3 r_s}{r_l} \dfrac{l^2}{l_1{}^3 + l_2{}^3}$, und zwar ergibt

sich ein Maximum für $A_g$; dementsprechend wird man die Verhältnisse wählen. Voraussetzung war, daß der ohmsche Widerstand der Spule vernachlässigt werden darf und keine nennenswerte elektrodynamische Zugkraft auftritt.

Beim größten Luftspalt ist die Verteilung der Induktion über die Länge des Eisenweges am ungleichmäßigsten. In diesem Zustand soll ihr zeitlicher und räumlicher Höchstwert etwa 16 000 Gauß nicht übersteigen, wenn dabei die Zugkraft hoch gehalten werden soll. Bei ganz angezogenem Anker ist die dann gleichmäßig verteilte Induktion im Eisen entsprechend geringer. Stromaufnahme und Eisenverluste würden bei diesem Dauerzustand ebenfalls etwa 16 000 Gauß zulassen.

Der ohmsche Widerstand der Spule spielt eine relativ um so kleinere Rolle, je größer der Magnet ist.

Schwankungen der Betriebsspannung sind bei der Bemessung des Magneten zu berücksichtigen.

Bei gleichzeitiger Erfüllung der folgenden Bedingungen 1 bis 4 bzw. 5 sind bei einander geometrisch ähnlichen Wechselstrommagneten, Transformatoren, Wechselstrommaschinen und dergleichen auch die magnetischen und die elektrischen Strömungsfelder einander geometrisch ähnlich. Dies vorausgesetzt, können Messungen an einem verkleinerten Modell eines Objekts auf dessen Verhalten übertragen werden. Die Größe eines Objekts von untereinander ähnlichen wird durch den Wert einer beliebig festgesetzten Abmessung $a$ (z. B. Schenkellänge, Läuferdurchmesser) angegeben. Die Betriebsfrequenz sei $\nu$.

1. Die kapazitiven Ströme sind vernachlässigbar.

2. Das gegenseitige Verhältnis der Permeabilitäten der Stoffe der einzelnen Bauteile eines Objekts gilt auch für das geometrisch ähnliche. Durch Angabe der Permeabilität $\mu$ z. B. des Eisens ist dann die aller anderen verwendeten Baustoffe schon mitbestimmt. Da die Permeabilität des Eisens im technisch verwendeten Bereich sehr von der Feldstärke abhängt und diese periodisch alle Werte zwischen dem positiven und dem negativen Scheitelwert durchläuft, bedeutet dies, daß die gleiche Eisensorte zu verwenden ist und die gleiche Induktion zu herrschen hat.

3. Das gegenseitige Verhältnis des spez. elektrischen Widerstandes der Stoffe der einzelnen Bauteile eines Objekts gilt auch für das geometrisch ähnliche. Durch Angabe des spez. Widerstandes $\varrho$ z. B. des Wicklungsmaterials ist dann der aller anderen verwendeten Stoffe, z. B. des Eisens, mitbestimmt.

4. Die dimensionslose elektromagnetische Kennzahl

$$K = \frac{\mu}{\varrho} \, a^2 \nu \tag{29}$$

muß für jedes der geometrisch ähnlichen Objekte den gleichen Wert haben. Dies läßt sich auf zweierlei Arten leicht ableiten.

5. Bei rotierenden elektrischen Maschinen muß das Verhältnis der Läuferfrequenz zur Ständerfrequenz konstant sein.

Sofern $\mu$ und $\varrho$ konstant sind, lehrt die Gl. (29): Ein Modell im Maßstab $1 : m$ ist mit der $m^2$-fachen Frequenz zu betreiben. Wegen Aufrechterhaltung gleicher Induktion muß dann das Modell von der gleichen Spannung gespeist werden wie die Ausführung (diese Forderung kann durch jene nach gleicher Windungsspannung ersetzt werden bei Leiterquerschnitten, die auf jeden Fall geringfügige Stromverdrängung ergeben). Sind die Ähnlichkeitsbedingungen erfüllt, dann haben für Modell und Ausführung alle dimensionslosen Größen, sofern sie allein von $\mu$, $\varrho$, $a$, $\nu$ beeinflußt werden, den gleichen Wert, z. B. Phasenverschiebungen (alle Vektordiagramme sind geometrisch ähnlich), das Verhältnis von Eisen- zu Kupferverlusten, das Verhältnis der Blind- zur Wirkleistung, das Verhältnis von Leerlauf- zu Kurzschlußstrom usw. Die genannten Ströme sowie die Leistungen sind beim Modell das $1 : m$-fache derer der Ausführung (somit die Stromdichten das $m$-fache), die elektromagnetischen und elektrodynamischen Kräfte das $1 : m^2$-fache derer der Ausführung (somit, statisch betrachtet, die Beanspruchungen im Modell die gleichen wie in der Ausführung). Sind, wie bei einem Transformator, verschiedene Belastungen möglich, ist deren Leistungsfaktor auch beim Modell einzuhalten und als Strom das $1 : m$-fache dessen der Ausführung einzustellen. Bei ihr und beim Modell treten dann die gleichen induktiven und ohmschen Spannungsabfälle auf, ebenso der gleiche bezogene Anteil an Zusatzverlusten usw. Nicht ähnlich verlaufen Ausgleichsvorgänge, bei denen auch die mechanische Trägheit eine Rolle spielt, z. B. das Anziehen eines Magnetankers, der Verlauf der mechanischen Beanspruchungen beim Eintritt eines Kurzschlusses eines Transformators.

Streng genommen erfordert die geometrische Ähnlichkeit, daß das Blechpaket vom Modell und von der Ausführung aus gleich vielen, damit aber verschieden dicken Blechen besteht, was auf Schwierigkeiten stoßen kann. Bei vielen Versuchen ist aber die Einhaltung dieser Bedingung von minderer Wichtigkeit.

**Magnetspulen.** Spulen aus genügend steifen Leitern, also solchen mit großen Querschnitten, werden aus blankem Material gewickelt, und zwar schraubenförmig (hochkant gebogen) oder spiralig (flachkant gebogen). Im letzteren Fall ist das Herausführen des inneren Leiterendes platzraubend und umständlich, daher meist, s. Abb. 95, zwei nebeneinander liegende Spiralen gewählt werden, deren innere Leiterenden zusammenhängen. Dort wird entweder eine hartgelötete Verbindung geschaffen oder der Leiter wird aus der einen Ebene in die andere hinübergekröpft. So liegen beide Anschlußenden der Spule außen. Bei starken Kurzschlußkräften werden die Leiter zwar blank verwendet, aber zwischen die einzelnen zusammen-

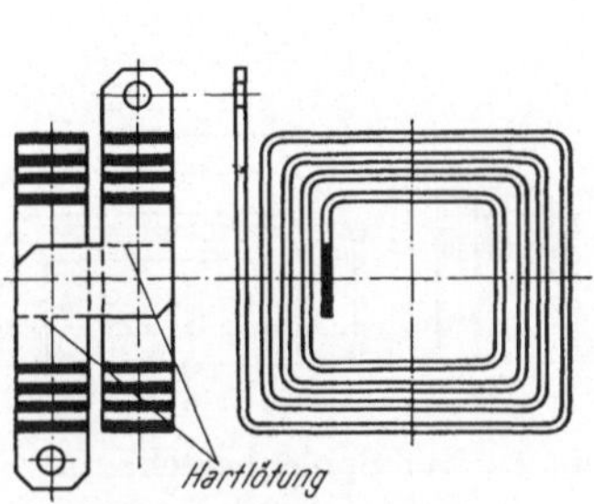


Abb. 95. Spule mit spiraliger Wicklung

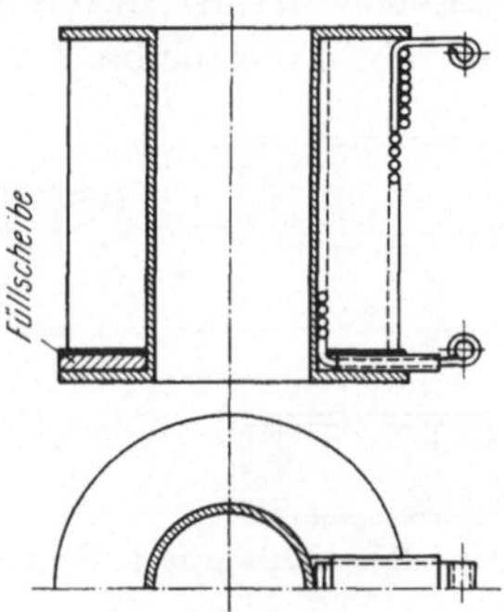


Abb. 96. Spule — Ausleitungen

gepreßten Windungen sind Isolierbeilagen eingeschoben. Blanke Spulen kommen z. B. bei Blasspulen und Kurzschlußauslösern vor. Bei kleinen Leiterquerschnitten wird der Leiter isoliert verwendet, entsprechend der Wärmeklasse. Die Regel ist Lackdraht mit rundem Querschnitt. Es wird dann lagenweise gewickelt. Die Spannungsbeanspruchung zwischen den Lagen erfordert oft das Einlegen von Isolierfolien. Keinesfalls darf die Leiterisolation der ganzen Klemmenspannung der Spule ausgesetzt werden, was besondere Maßnahmen bei der Herausführung des inneren Wicklungsendes erfordert, wobei ja das äußere zu kreuzen ist. Als Ganzes werden die Spulen zusammengehalten und gleichzeitig isoliert, indem sie entweder auf einen Spulenkasten aus Isolierstoff (Preßstoff bei großer, Preßspan kaschiert bei kleiner Herstellungsstückzahl) gewickelt werden, s. Abb. 96, oder nach dem Wickeln vom Wickeldorn entfernt und isolierend umbandelt werden, s. Abb. 97. Des Kriechweges wegen muß dies überlappt geschehen. Bei der letzteren Ausführung müssen die Spulen, schon um sie zu verfestigen, mit Lack getränkt werden. Dies ist aber auch bei anderen Spulen vorteilhaft oder notwendig, um durch Verdrängen der schlecht wärmeleitenden Luft innerhalb der Spule deren Erwärmung zu vergleichmäßigen. Bei hohen Spannungen ist die Luft auch dielektrisch störend. Eine wirkungsvolle

Tränkung setzt Erwärmung, darauffolgendes Evakuieren der Spule und Einsaugen des Lackes voraus.

Angrenzend an den Wickelraum der Spule wird ihr gewöhnlich eine sogenannte Füllscheibe beigegeben, die einen etwa radialen Schlitz hat. In dem so geschaffenen Kanal wird ein widerstandsfähiger Leiter mit für die ganze Klemmenspannung tauglicher Isolation untergebracht und mit dem inneren Wicklungsende verlötet. Die Isolation der Ausleitungen muß genügend weit über die Außenfläche der Spule vorstehen. In Abb. 96 bestehen die Ausleitungen aus isolierten Flachkupferstreifen, welche zu Ösen gebogen sind, zwecks Einlötens von Kabeln. Die Ausleitung des äußeren Wicklungsendes ist durch Darüberwickeln fixiert. Manchmal werden im Schlitz der Füllscheibe Kabel an beide Wicklungsenden angelötet und zu

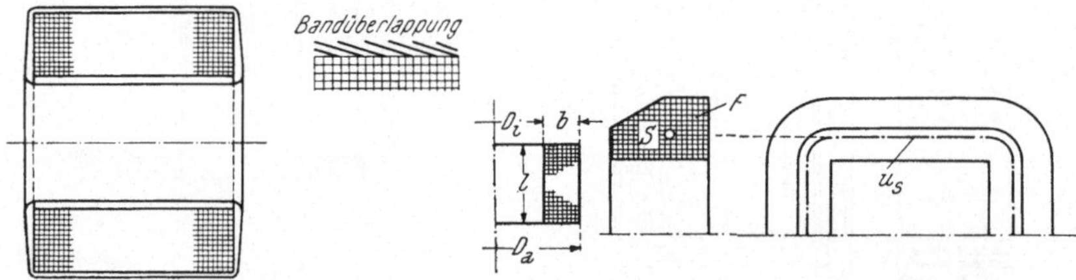


<table>
<tr><td>Abb. 97. Umbandelte Spule</td><td>Abb. 98. Zur Spulenberechnung</td></tr>
</table>

Klemmen geführt. Durch einen Schnurbund werden die Kabel knapp neben der Spule miteinander verbunden. Bei aus Kunstharz gepreßten Spulenkästen kann der Kanal für die Ausleitung des inneren Wicklungsendes im Flansch ausgespart sein, auch werden Klemmen vorteilhaft eingepreßt.

Die Technik der Gießharze erlaubt es, die Spulen damit zu tränken und gleichzeitig völlig dicht zu umhüllen sowie die Spulenklemmen mit einzugießen.

Für die Spulenberechnung werden folgende Bezeichnungen eingeführt:

$R$ .... ohmscher Widerstand der Wicklung.

$\varrho$ .... spezifischer Widerstand des Leitermaterials.

$z$ .... Windungszahl.

$q$ .... Leiterquerschnitt.

$F$ .... Wickelfläche, s. Abb. 98, mit dem Schwerpunkt $S$.

$u_S$ .... mittlere Windungslänge: Länge der durch $S$ gehenden Windung.

$l_l$ .... gesamte Leiterlänge der Wicklung.

Die gekrümmten Teile der Wicklung ergänzen sich zu einem Rotationskörper. Nach der Regel von Guldin ist daher das Volumen $V$ des Wickelraums $V = F \cdot u_S$. Es ist zum Teil durch Isolation ausgefüllt, und nur der Bruchteil $\varkappa$, Füllfaktor genannt, ist das Leitervolumen $V_l = \varkappa \cdot V = \varkappa \cdot F \cdot u_S$.

Da andrerseits $V_l$ durch $l_l \cdot q$ gegeben ist, ist $l_l = \varkappa \cdot F \cdot u_S / q$ und $R = \varrho \cdot l_l / q$ wird

$$R = \varrho \cdot \varkappa \cdot F \cdot u_S / q^2. \tag{30}$$

Da offenkundig $\varkappa \cdot F = z \cdot q$, gilt auch

$$R = \varrho \cdot z \cdot u_S / q. \tag{31}$$

Eine dritte praktische Form für $R$ entsteht durch Eliminieren von $q$ aus Gl. (30) und (31)

$$R = \frac{\varrho \, z^2 u_S}{\varkappa F}. \tag{32}$$

Die in der Spule in Wärme umgewandelte Leistung beim Strom $I$ ist $P = I^2 \cdot R = (I \cdot z)^2 \cdot R / z^2$. Es wird $R$ aus Gl. (32) eingesetzt:

$$P = \frac{\varrho}{\varkappa} \frac{u_S}{F} (zI)^2. \tag{33}$$

Somit ist, abgesehen vom Füllfaktor, durch das Leitermaterial, die Abmessungen des Wickelraumes und die Durchflutung $zI$ die Verlustleistung $P$ bestimmt, unabhängig von der Klemmenspannung $U$. Freilich bestimmt diese bei Gleichstrom den Leiterquerschnitt. Hier gilt $zI = z \cdot U / R$, und mit Gl. (31) wird

$$q = \varrho \, \frac{(zI) u_S}{U}. \tag{34}$$

Der Füllfaktor und die Wickelfläche sind somit ohne Einfluß auf den Leiterquerschnitt!

Am verbreitetsten sind zylindrische Spulen aus Runddraht. Sein Durchmesser über die Isolation sei $\delta'$, der Leiterdurchmesser $\delta$. Wegen eventueller Lagenisolationen und Unregelmäßigkeiten der Wicklung ist die Übereinstimmung mit der Wirklichkeit besser, wenn man annimmt, daß die Drähte in der Wickelfläche ein Quadrat- und nicht ein Sechsecknetz bilden. Es ist dann

$$\varkappa = \frac{\pi}{4} \left( \frac{\delta}{\delta'} \right)^2. \tag{35}$$

Bei dünnen Drähten, $\delta = 0{,}2$ bis $1$ mm, sollte man $\delta' - \delta$ zu $0{,}1$ mm annehmen, obwohl der wirkliche Auftrag weit kleiner ist, um gleichungsmäßig nicht erfaßten Einflüssen Rechnung zu tragen!

Mit Bezug auf Abb. 98 gilt für zylindrische Spulen $u_S = \pi (D_i + b)$, $F = b \cdot l$; dies und Gl. (35) in Gl. (33) eingesetzt, gibt

$$P = 4 \varrho \left( \frac{\delta'}{\delta} \right)^2 (1 + D_i / b) \frac{(zI)^2}{l}. \tag{36}$$

Erweitert man die Spule radial bei Einhaltung von $D_i / b$, so hat das auf die Verlustleistung keinen Einfluß, wesentlichen dagegen hat eine Verlängerung der Spule! Die allein für Gleichstrom gültige Gl. (34) wird für Zylinderspulen mit Runddrahtwicklung

$$\delta^2 = 4\varrho \, \frac{(zI)(D_i + b)}{U}. \tag{37}$$

Die Spulenlänge ist demnach ohne Einfluß auf die Leiterstärke! In den Gln. (30), (31), (32), (33), (34), (37), nicht aber in Gl. (36), kann $\varrho$ in üblicher Weise als auf [m] und [mm]$^2$ bezogen eingesetzt werden, wenn gleichzeitig die Längen $u_S$, $D_i$, $b$ in [m], die Flächen $F$, $q$, $\delta^2$ in [mm]$^2$ eingesetzt werden.

Die Wärmeübergangszahl $\alpha$ an der kühlenden Oberfläche $O$ (Mantelfläche und zwei Stirnflächen) einer der Luft ausgesetzten Spule und der Mittelwert $\vartheta_m$ der Oberflächen-Übertemperatur im Dauerzustand bestimmen den Wert $O/P = 1/\alpha\vartheta_m$. $\vartheta_m$ ist entsprechend niedriger als die höchste zulässige Wicklungserwärmung einzusetzen. Mit $\sigma = D_a/D_i$, s. Abb. 98, wird für Zylinderspulen $O = l\pi D_a + \dfrac{\pi}{2}(D_a{}^2 - D_i{}^2)\pi = D_i\left[l\sigma + \dfrac{\sigma^2 - 1}{2}D_i\right]$, und mit $1 + \dfrac{D_i}{b} = 1 + \dfrac{2D_i}{D_a - D_i} = \dfrac{\sigma + 1}{\sigma - 1}$ die Gl. (36)

$$P = 4\varrho \left(\frac{\delta'}{\delta}\right)^2 \frac{\sigma + 1}{\sigma - 1} \frac{(zI)^2}{l}. \tag{36a}$$

Bildet man nach Einführung von $\sigma\, O/P$, ergibt sich nach Umformung

$$l^2 + lD_i \frac{\sigma^2 - 1}{2\sigma} - \frac{O}{P} \frac{4}{\pi D_i} \varrho \left(\frac{\delta'}{\delta}\right)^2 \frac{\sigma + 1}{\sigma(\sigma - 1)}(zI)^2 = 0$$

als biquadratische Gleichung zur Bestimmung der Spulenlänge $l$. Die Wärmeübergangszahl ist je nach Strahlungsanteil und sonstigen Umständen $\alpha = 0{,}0007$ bis $0{,}0015$ W/cm$^2\cdot$°C. Bei im Verhältnis zu $D_i$ langen Spulen ($\sigma$ hält sich in engen Grenzen) äußert sich die Kühlwirkung der Stirnflächen im Spulenmittelteil nur wenig, und $\vartheta_m$ fällt beinahe mit der maximalen Erwärmung $\vartheta_{max}$ der Spulenoberfläche zusammen. Bei solchen Spulen kann mittels Gl. 1 A (16) mit $\vartheta_a = \vartheta_{max} \doteq \vartheta_m$ die Erwärmung $\vartheta_i$ der heißesten Wicklungsstelle berechnet werden. Durch passende Umformung erhält man

$$\vartheta_i = \vartheta_a \left[1 + \frac{\alpha}{4\lambda}D_i\left(1 - \frac{\ln\sigma^2}{\sigma^2 - 1}\right)\left(\sigma + \frac{\sigma^2 - 1}{2} \cdot \frac{D_i}{l}\right)\right]. \tag{38}$$

Die Wärmeleitzahl $\lambda$ ist hier naturgemäß eine ideelle, für welche die des Leitermaterials praktisch keine Rolle spielt, sondern die der Leiterisolation und des Tränklackes. Aus Temperaturmessungen an ausgeführten Spulen kann $\lambda$ mittels der Gl. (38) zur Verwendung bei zu entwerfenden Spulen ermittelt werden.

Bei Stromspulen ist die Erwärmung im Kurzschlußfall gemäß Abschn. I A d zu untersuchen.

## c) Antriebe durch Druckluft

Der Antrieb durch Druckluft wird am einfachsten für Schaltgeräte mit nur zwei Stellungen (Ein-Aus, Vorwärts-Rückwärts, Fahrt-Bremse), und zwar ist er bei Schützen und Leistungsschaltern, die ja Ausschaltfedern haben, einfachwirkend, nämlich im Einschaltsinn, bei Trennschaltern und Fahrtrichtungsschaltern sowie Fahrt-Brems-Schaltern elektrischer Triebfahrzeuge doppeltwirkend; dabei ist meistens für jede Bewegungsrichtung ein jeweils nur einseitig beaufschlagbarer Kolben vorgesehen, s. Abb. 99. Bei der einen dargestellten Ausführung wird durch Druckluft mittels einer die beiden koaxialen Kolben verbindenden Zahnstange eine Ritzelwelle gedreht. Falls (zwecks Druckluftersparnis, sanften Arbeitens) die Übersetzung zum Schalter stellungsabhängig sein soll, muß dies außerhalb des eigentlichen Antriebs liegen, z. B. im Kurbelviereck beim in Abb. 15 dargestellten Trennschalter. Daneben zeigt die Abb. 99 zwei nebeneinander liegende Zylinder mit Tauchkolben und dort angreifenden Pleueln, die am anderen Ende an je einem Zapfen einer Doppelkurbel angelenkt sind. Die Übersetzung zwischen Kolbenbewegung und Kurbeldrehung ist hier stellungsabhängig.

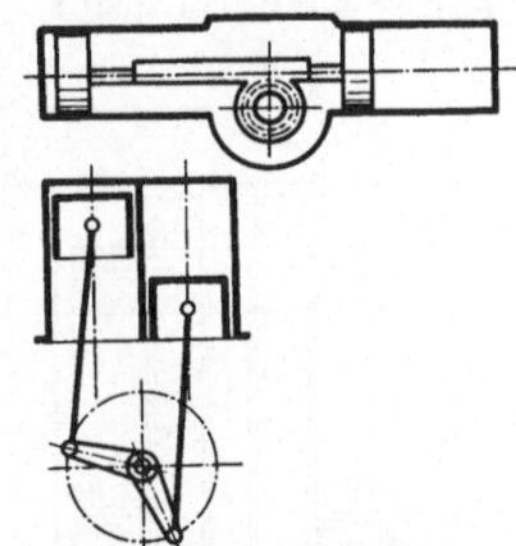

Abb. 99. Antriebe durch Druckluft

Beim Antrieb durch Druckluft ist ein Zylinderraum entweder mit der Druckluftleitung oder mit der Atmosphäre zu verbinden und gleichzeitig die andere Verbindung zu sperren. Das Steuerorgan ist meist ein Doppelventil, welches durch einen Elektromagneten betätigt wird (elektropneumatischer Antrieb); ist er unerregt, ist der Zylinder mit der Atmosphäre verbunden, im anderen Fall mit der Druckluftleitung. Abb. 100 zeigt schematisch ein solches elektromagnetisches Druckluftventil mit Klappanker für Gleichstrom in den beiden Stellungen. Bei Verschwinden der Zugkraft stellen die Luftkräfte, unterstützt von einer Feder, die Ventilstellung *II* her. Bei Erregung durch Wechselstrom müssen, während das eine Ventil auf seinen Sitz gedrückt ist, auch die Polflächen des Elektromagneten satt aufeinander liegen, wie schon früher erläutert. Dies erfordert die Einfügung einer vorgespannten Feder.

Im Wesen eines Schützes liegt es, daß das Ventil so lange erregt und die Druckluft daher so lange im Zylinder ist, als das Schütz geschlossen ist.

In derlei Fällen muß entweder die Kolbendichtung sehr gut sein (Gummi-
oder Ledermanschette) oder man dichtet, s. Abb. 101, durch eine Über-
schußkraft des Kolbens in dessen Endstellung mittels der Dichtscheibe *1*;
hier genügen Kolbenringe, unter Umständen enge Passung und Labyrinthrillen *2*; dies auch dann, wenn keine Kolbenkraft nötig ist, um das Gerät in einer
oder beiden Stellungen zu halten, und daher der Zylinder nach der Arbeits-
leistung von der Druckluft abgesperrt und entlüftet wird. Das geschieht
entweder dadurch, daß das Ventil vom Befehlsschalter (Taste) nur einen
vorübergehenden elektrischen Impuls bekommt oder, falls der Befehlsschalter Dauerkontakt gibt, daß man den Spulenkreis des Ventils unter-

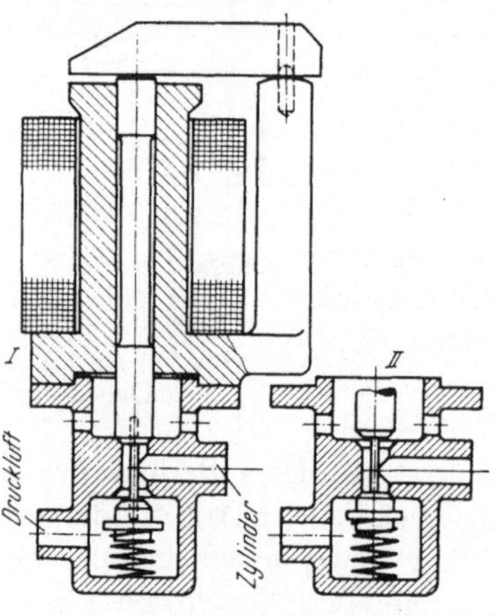


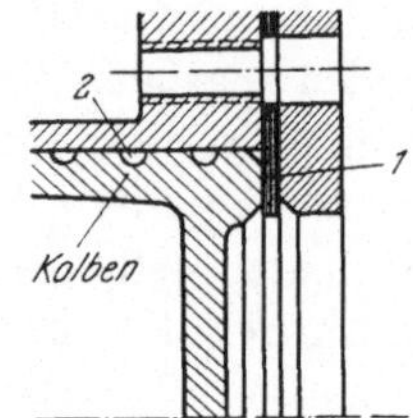


Abb. 100. Elektromagnetisches
Druckluftventil

Abb. 101. Dichtung eines
Kolbens in Endlage

brechen läßt, und zwar durch einen Hilfsschalter, der vom Schaltgerät,
knapp bevor es die betreffende Stellung erreicht hat, geöffnet wird. Auf
dem Weg, den das Gerät durch Schwung und weil die Druckluft zum Aus-
strömen aus dem Zylinder Zeit braucht, noch zurücklegt, muß der Hilfsschalter den Lichtbogen unterbrochen haben! Unter Umständen ist daher
ein Momentschalter zu verwenden; dabei ist zu beachten, daß dessen Einschalten bei einer anderen Schaltgerätestellung erfolgt als das Ausschalten.
Wenn bei dieser Anordnung das Schaltgerät auch seine Stellung (z. B.
durch Vibrationen) niemals weit verlassen kann, ist eine leichte Rastung,
etwa durch eine Kugelraste, zu empfehlen. Weil die lebendige Kraft eines
Druckluftkolbens im Verhältnis zu seiner Leistung sehr klein ist und wegen
der einfachen Möglichkeit, durch Drosseln die Arbeitsgeschwindigkeit zu
beeinflussen, kann man mit Antrieben durch Druckluft sanftes und doch
rasches Arbeiten erzielen. Verhältnismäßig einfach kann die Drosselung
auch stellungsabhängig gemacht werden.

### d) Antriebe durch Elektromotor

Der Elektromotor ist am besten zum Antrieb von vielstelligen Schaltgeräten geeignet, wie etwa von Transformator-Regelschaltern oder den Schaltwerken für elektrische Lokomotiven und Triebwagen. *Direkte* Antriebe von Hochspannungs-Leistungsschaltern, also zweistelligen Geräten, durch Elektromotor haben Besonderheiten, die hier, wegen schwindender Verbreitung dieser Antriebe, nicht behandelt werden.

Der Befehl für einen Stellungswechsel des Schaltwerks wird willkürlich oder im Verband einer automatischen Regelung gegeben (z. B. automatische Anfahrt bei Triebfahrzeugen). Nur bei ganz kleiner Leistung des Verstellmotors wird sein Stromkreis durch den Befehlsschalter selbst geschlossen und geöffnet, meist werden Schütze verwendet. Die Steuerung ist entweder eine „Auf-Ab-Steuerung" oder eine „Nachlaufsteuerung". In beiden Fällen muß dafür gesorgt sein, daß ein begonnener Schaltschritt stets beendet wird („Stellungszwang"). Bei der „Auf-Ab-Steuerung" (meist bei Transformator-Regelschaltern angewendet) läuft das Schaltwerk so lange in einer Richtung, als der zugehörige Steuerkreis, z. B. durch Drücken einer Taste, geschlossen gehalten wird; nach dem Loslassen wird nur mehr der begonnene Schaltschritt beendet. Die „Nachlaufsteuerungen" werden meist bei elektrischen Lokomotiven verwendet. Wenn der Fahrschalter auf eine neue Stellung gebracht wird, so folgt das Schaltwerk diesem Stellungswechsel. Der Fahrschalter ist der Befehlsgeber. Zu ihm muß die Ist-Stellung des Schaltwerks irgendwie übertragen werden, sei es elektrisch oder mechanisch. Das letztere hat den Vorteil, daß über die „Rückmeldewelle" (Totgang beachten!) im Störungsfall das Schaltwerk von Hand angetrieben werden kann.

Die Läufer von Elektromotoren enthalten im Verhältnis zu ihrer Leistung sehr viel kinetische Energie, was beim Antrieb von Schaltwerken, deren einzelne Stellungen mit geringer Toleranz einzuhalten sind, zu beachten ist. Die Wucht des Motorläufers spielt keine Rolle, wenn er ständig läuft und dabei zwei Wellen mit verschiedenem Drehsinn antreibt und das Schaltwerk mittels zweier elektromagnetischer Kupplungen mit der einen oder anderen Welle gekuppelt bzw. von ihr entkuppelt wird. Diese Anordnung wählt man begreiflicherweise nur bei sehr häufig auszuführenden Stellungswechseln, wie etwa bei Triebwagen für Strecken mit kurzem Haltestellenabstand. Meist muß aber der Verstellmotor immer wieder abgebremst werden, entweder mechanisch, wobei die Bremse durch einen parallel zum Motor geschalteten Lüftmagnet gelüftet und durch Federkraft geschlossen wird, oder möglichst elektrisch. Sehr energisch bei kleinstem Schaltaufwand (Ruhekontakte an den Verstellmotorschützen) läßt sich ein Gleichstrommotor, dessen Feld ständig fremd erregt ist, durch Kurzschließen des Läufers bremsen. Weit weniger stark bremsen Drehstrom-Asynchronmotoren, wenn deren Ständerklemmen nach Abschalten vom

Netz miteinander verbunden werden. In heiklen Fällen ist daher der fremderregte Gleichstrommotor vorteilhaft.

$\omega$ .... Winkelgeschwindigkeit des Läufers.

$\omega_n$.... Nenn-Winkelgeschwindigkeit.

$R$ .... ohmscher Widerstand des Läuferkreises.

$L$ .... Selbstinduktionskoeffizient des Läuferkreises.

$i$ .... Läuferstrom, $i_n$ .... Nenn-Läuferstrom, $i_s$ .... Strom im Läufer, wenn er bei Stillstand an die Nennspannung $U_n$ gelegt wird; $U_n = i_S \cdot R$.

$\mathcal{J}$ .... Trägheitsmoment (auf Läuferwelle reduziert) der umlaufenden Teile.

$t$ .... Zeit ab Schließen des Läuferkreises bei der Bremsung.

Das Bremsmoment $M_b$ ist proportional $i$, also ist $M_b = M_n \cdot i/i_n$, und weil $M_b = \mathcal{J} \cdot \mathrm{d}\omega/\mathrm{d}t$,

$$\mathcal{J} \cdot \mathrm{d}\omega/\mathrm{d}t = M_n \cdot i/i_n. \tag{39}$$

Aus Gl. (39) folgt

$$\mathcal{J} \cdot \mathrm{d}^2\omega/\mathrm{d}t^2 = M_n \frac{\mathrm{d}i}{\mathrm{d}t}\Big/ i_n. \tag{40}$$

Die vom Läufer entwickelte EMK $E$ ist proportional $\omega$; bei $\omega_n$ ist sie $-(U_n - R \cdot i_n) = -(i_s - i_n) \cdot R$, somit $E = -R(i_s - i_n)\omega/\omega_n$, und weil $i \cdot R = E - L \cdot \mathrm{d}i/\mathrm{d}t$,

$$R \cdot i = -R(i_s - i_n)\omega/\omega_n - L \cdot \mathrm{d}i/\mathrm{d}t. \tag{41}$$

Setzt man in Gl. (41) aus Gl. (39) $i$ und aus Gl. (40) $\mathrm{d}i/\mathrm{d}t$ ein, ergibt sich mit $L/R = T$ (Magnetzeitkonstante des Ankerkreises) und $\dfrac{\mathcal{J}\omega_n}{M_n} = T_a$

(Anlaufzeit) $\ddot{\omega} + \dot{\omega}\,\dfrac{1}{T} + \omega\,\dfrac{i_s/i_n - 1}{T T_a} = 0$. Die dieser linearen Differentialgleichung mit konstanten Koeffizienten zugehörige charakteristische Gleichung hat die beiden Wurzeln

$$\varrho_1, \varrho_2 = -\frac{1}{2T} \pm \sqrt{\frac{1}{4T^2} - \frac{i_s/i_n - 1}{T T_a}}, \tag{42}$$

und somit ist die Lösung der obigen Differentialgleichung mit den Integrationskonstanten $A, B$

$$\omega = A\,e^{\varrho_1 t} + B\,e^{\varrho_2 t}. \tag{43}$$

Falls, wie vorderhand angenommen, reell, sind $\varrho_1, \varrho_2 < 0$, d. h. der Läufer kommt nach $t = \infty$ zum Stillstand. Für $t = 0$ ist $\omega = \omega_n$; das ergibt mit Gl. (43) $\omega_n = A + B$. Für $t = 0$ ist $i = 0$, gemäß Gl. (39) somit $\mathrm{d}\omega/\mathrm{d}t = 0$. Das ergibt mit der nach $t$ differenzierten Gl. (43) $\varrho_1 A + \varrho_2 B = 0$. Aus den beiden Gleichungen in $A$ und $B$ folgt $A = \omega_n \dfrac{\varrho_2}{\varrho_2 - \varrho_1}$, $B = -\dfrac{\varrho_1}{\varrho_2 - \varrho_1}$

und, in Gl. (43) eingesetzt: $\omega = \dfrac{\omega_n}{\varrho_2 - \varrho_1} [\varrho_2 e^{\varrho_1 t} - \varrho_1 e^{\varrho_2 t}]$. Der Drehwinkel $\varphi_b$ des Ankers bis zum Stillstand ist

$$\varphi_b = \int\limits_0^\infty \omega\, \mathrm{d}t = \frac{\omega_n}{\varrho_2 - \varrho_1} \left[ \frac{\varrho_2}{\varrho_1} e^{\varrho_1 t} - \frac{\varrho_1}{\varrho_2} e^{\varrho_2 t} \right]_0^\infty = \omega_n \left( \frac{1}{\varrho_1} + \frac{1}{\varrho_2} \right).$$

Setzt man aus Gl. (42) ein, wird $\varphi_b = T_a \dfrac{\omega_n}{i_s/i_n - 1} = \dfrac{\omega_n{}^2 \mathcal{J}}{M_n} \Big/ \left( \dfrac{i_s}{i_n} - 1 \right)$.

Zum gleichen Ergebnis kommt man, wenn $\varrho_1$, $\varrho_2$ konjugiert komplex sind. Auch in diesem Fall spielt die Selbstinduktion keine Rolle!

An der maßgebenden Welle des Schaltwerks, welche bei $\omega_n$ am Motor die Winkelgeschwindigkeit $\omega_s$ habe, ist der Bremswinkel $\varphi_{bs} = \varphi_b \dfrac{\omega_s}{\omega_n}$ und somit

$$\varphi_{bs} = \omega_n \omega_s \frac{\mathcal{J}}{M_n} \Big/ \left( \frac{i_s}{i_n} - 1 \right). \tag{44}$$

Man kann den Bremswinkel $\varphi_{bs}$ am Schaltwerk somit klein halten, wenn man die Übersetzung zwischen Stellmotor und Schaltwerkswelle stellungsabhängig macht — etwa durch elliptische Zahnräder —, und zwar so, daß in der Umgebung der anzusteuernden Stellungen des Schaltwerks $\omega_s$ kleiner als im Durchschnitt ist. Im Grenzfall wird über ein Aussetzgetriebe angetrieben; hier ist ein Innenmaltesertrieb, Abb. 36, geeignet. Die Bremsung wird in den eingriffslosen Bewegungsabschnitt verlegt, und falls dieser ausreichend groß ist, werden die Schaltwerksstellungen genau eingehalten. Mittels Gl. (44) kann gezeigt werden, daß der Bremswinkel an der Schaltwerkswelle bei gegebenem $\omega_s$ klein wird bei Wahl eines niedrigtourigen Verstellmotors, der außerdem bei gegebener Leistung einen kleinen Ankerdurchmesser $D$ bei entsprechend großer Ankerlänge $l$ hat. $\mathcal{J}$ ist proportional $D^4 \cdot l$, $M_n$ ist proportional $D^2 \cdot l$ und $i_s/i_n$ kann als wirkungsgradbestimmend hier etwa als konstant angenommen werden. Somit ist gemäß Gl. (43) $\varphi_{bs}$ proportional $\omega_s$, $\omega_n$, $D^2$ und obige Behauptung erwiesen.

Mit der in Abb. 102 schematisch dargestellten Einrichtung werden falsche Dauerstellungen des Schaltwerks auch bei großem Bremswinkel und auch bei Versagen der elektrischen Bremsung vermieden. Eine (nicht zu schnell laufende) Welle *1* im Zuge der Übersetzung zwischen dem Stellmotor *2* und dem Schaltwerk trägt eine Scheibe *3* mit einem oder mehreren Ausschnitten, die den einzelnen Stufenstellungen entsprechen. Das Antriebszahnrad für Welle *1* ist als Rutschkupplung *5* ausgebildet. In den Ausschnitt *4* von *3* kann mittels Feder *6* ein Riegel *7* einfallen bzw. durch Elektromagnet *8* ausgehoben werden. Etwa gleichzeitig mit *8* wird einer der beiden Stellmotorschützen erregt und weiterhin durch den ausgehobenen Riegel 7 gehalten. Angemessene Zeit vor Erreichen einer angesteuerten Stellung wird 8 entregt; daher fällt anschließend Riegel 7 ein, und damit fällt das angehobene Stellmotorschütz und schließt dabei den Bremsstromkreis des Stellmotors. Der Riegel fängt mit einem ungefährlichen Stoß die langsam laufenden Teile ab, jedoch trifft wegen der Rutschkupplung den Stellmotorläufer mit seiner großen kinetischen Energie kein

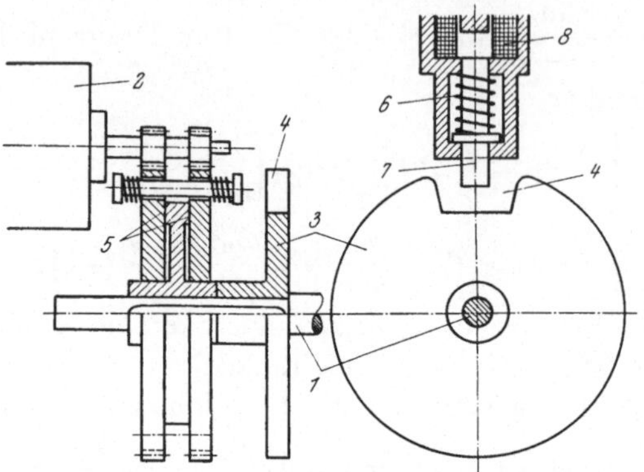

Abb. 102. Einrichtung zur Stellungsfixierung

Stoß. Es ist (auf jeden Fall, wenn das Getriebe selbsthemmend ist) damit zu rechnen, daß vom Magneten 8 der Riegel ausgehoben werden muß, auch wenn letzterer seitlich von der Scheibe 3 mit einer dem Rutschmoment der Kupplung entsprechenden Kraft angedrückt wird, die entsprechende Reibung erzeugt. Durch Ausbildung des Riegels als Rollbolzen läßt sich der Magnet wesentlich sparsamer bemessen.

## C. Schaltschlösser

Zum Schutz von Maschinen, Leitungen usw. vor Kurzschluß, Überlastung, Unterspannung erhalten verklinkte Schalter Einrichtungen, die sogenannten Schaltschlösser, durch welche der Schalter mittels verhältnismäßig geringer mechanischer Arbeit zum Ausschalten gebracht werden kann. Diese verfügbare Arbeit ist deswegen gering, weil die den Kurzschluß, die Überlastung, die Unterspannung erfassenden „Auslöser" dem Wesen nach Meßgeräte sind.

Der von einem Auslöser gegebene Impuls muß auf alle Fälle zum Ausschalten führen, also auch wenn der Bedienende den Schalter etwa von Hand eingeschaltet halten will; eine solche Auslösung heißt Freiauslösung. Es entspricht also nicht, daß Auslöser die Verklinkung lösen. Man hat vielmehr nicht den eigentlichen Schalter, sondern dessen Betätigung zu verklinken und beide durch eine Kupplung zu verbinden, auf welche die Auslöser wirken (eine weitere Möglichkeit ist die, auch das „feste" Schaltstück beweglich zu machen und den Auslöser auf dessen Abstützung wirken

zu lassen). Man gelangt so z. B. zur Anordnung gemäß Abb. 103. Es ist
*1* die Festhalteklinke für den Betätigungshebel *2*, *3* die Kupplungsklinke
zwischen *2* und dem Schaltarm *4*, auf deren Verlängerung die Auslöser
in Pfeilrichtung wirken. Um nach einer Auslösung wieder einschalten zu
können, löst der Schaltarm am Ende seiner Ausschaltbewegung mittels
des Anschlags *5* die Halteklinke *1*, so daß der Betätigungshebel bis zum
Anschlag *6* zurückfallen kann. Der Schaltarm ist bis zum Anschlag *7*
zurückgefallen und Klinke *3* faßt wieder, womit der Schalter wieder einschaltbereit ist. Falls, wie links gezeichnet, mittels Druckluft eingeschaltet
wird (gleiches gilt für Einschaltung durch Elektromagnet), erfolgt das will-

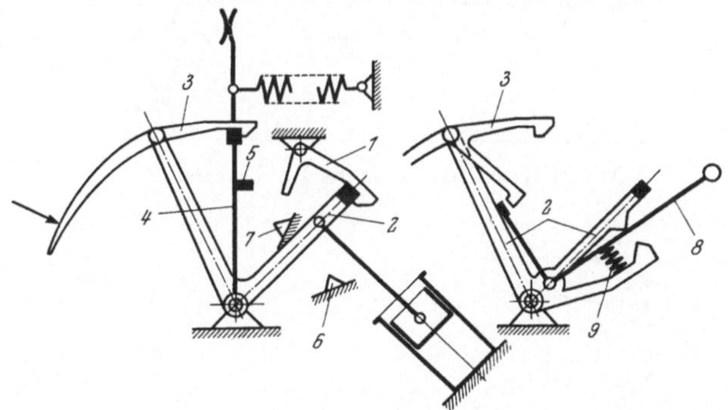

Abb. 103. Schaltschloß

kürliche Ausschalten durch einen kleinen Auslösemagneten (Arbeits- oder
Ruhestromschaltung möglich), durch einen Bowdenzug oder dergleichen,
auf Klinke *3* wirkend. Bei Einschaltung von Hand wünscht man aber naturgemäß auch durch den Handhebel auszuschalten. Eine entsprechende Anordnung ist rechts in Abb. 103 skizziert. Der Handhebel *8* ist an dem
Arm *2* angelenkt und hat gegen ihn vermöge der gezeichneten Anschläge
eine begrenzte Bewegungsmöglichkeit. Man kann daher den Handhebel
im Ausschaltsinn entgegen der Feder *9* etwas bewegen, was zum Lösen
von Klinke *3* ausgenützt wird; das weitere verläuft wie oben angegeben.

Klinke und zu verklinkender Teil bilden einen ebenen Kurventrieb.
Das zum Lösen der Klinke (oder zur Verhinderung des Lösens) erforderliche Moment um den Klinkendrehpunkt kann somit gemäß Abschn. I F a,
dortige Abb. 30, ermittelt werden. Dieses Moment und damit die Auslösearbeit werden verringert, wenn die Klinke nur unter Ausnützung der
Reibung hält, s. Abb. 104. Der andere Faktor der Auslösearbeit, der Klin-
kendrehwinkel $\varkappa$ bis zur Erreichung der Selbsthemmungsgrenze (der unter
dem Reibungswinkel $\varrho$ gegen die Berührungsnormale $nn$ geneigte Strahl
geht dabei durch den Klinkendrehpunkt), steigt offenbar mit dem Aus-
rundungsradius $r$ von Klinke und ihrem Gegenstück und mit der Länge $a$

der mehr oder weniger flächenhaften Berührung der beiden. $a$ darf wegen der Ausführungsungenauigkeiten und $r$ aus Festigkeitsgründen gewisse Werte nicht unterschreiten. Würde man von vornherein keine Kantenrundung vorsehen, würde sie sich durch die hohe Pressung beim Lösen der Klinke von selbst einstellen, wahrscheinlicher aber das Material an den Kanten ausbrechen. Beanspruchung der Klinke und Auslösearbeit werden herabgesetzt, wenn die Klinke an einem großen Hebelarm des zu verklinkenden Teiles angreift, doch setzen Raumbedarf und Trägheitswirkung eine Grenze.

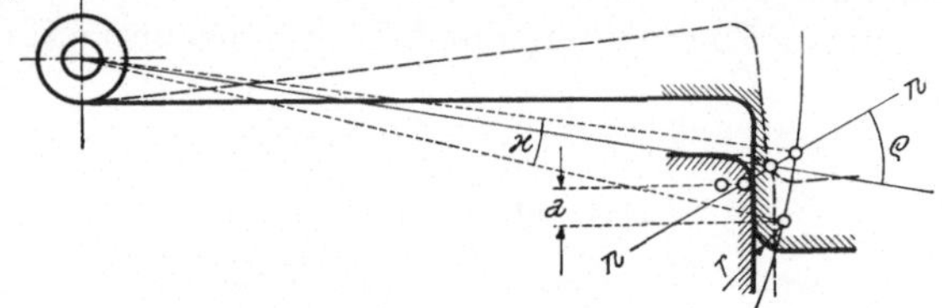

Abb. 104. Klinke — statische Untersuchung

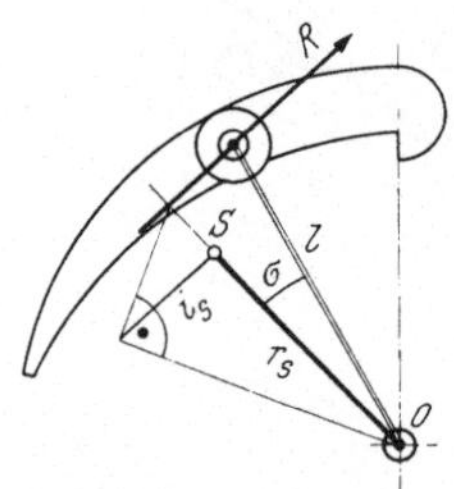
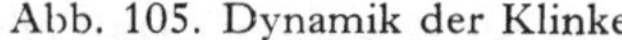

Abb. 105. Dynamik der Klinke

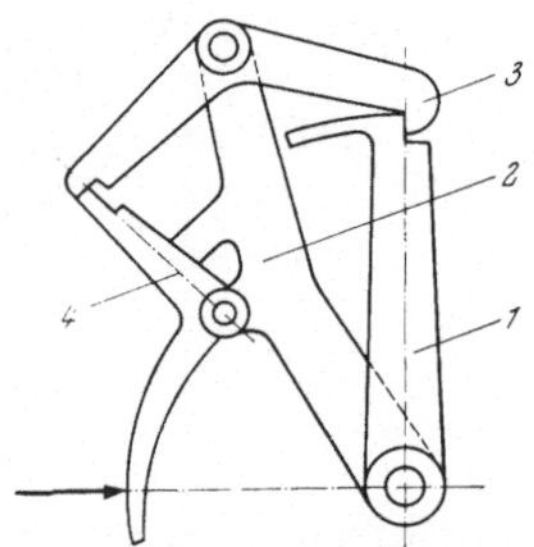

Abb. 106. Serienklinken

Die Halteverhältnisse der Kupplungsklinke sollen von der Beschleunigung und anschließenden großen Verzögerung des Schaltarmes beim Einschalten nicht beeinflußt sein (unbeabsichtigtes Lösen); das ist der Fall, wenn die Kraft $R$, welche die Klinke für eine ungleichförmige Drehung um den Schaltarmdrehpunkt $O$ braucht, durch den Klinkendrehpunkt hindurchgeht. Unter Bezug auf Abschn. I F d und die dortige Abb. 34 ergeben sich dann die Verhältnisse in Abb. 105 und für den eingezeichneten

Winkel $\sigma$ $\cos\sigma = \dfrac{r_s + i_s^2/r_s}{l} = \dfrac{r_s^2 + i_s^2}{l r_s}$; nach dem (sogenannten) Steinerschen Satz ist $r_s^2 + i_s^2 = i_0^2$, wo $i_0$ der Trägheitsradius der Klinke für die Drehachse des Schaltarms ist, und damit wird $l \cdot r_s \cos\sigma = i_0^2$ (es kann somit nur $i_0^2 \leqq l \cdot r_s$ sein) bestimmend für die Massenverteilung.

Die Halteklinke ist nicht problematisch, da für ihre Lösung leicht ausreichend Arbeit verfügbar ist, im Gegensatz zur Kupplungsklinke. Man hat zu ihrem Ersatz die Serienklinken ersonnen, s. Abb. 106. Die Teile *1* und *2* sind die zu verklinkenden. Auf *2* gelagert ist die in *1* eingreifende

Primärklinke *3*; sich selbst überlassen, würde sie mit Sicherheit lösen; sie stützt sich aber auf die ebenfalls auf Teil *2* gelagerte Sekundärklinke *4* ab, die unter Eingriff der Auslöser steht. Verständlicherweise braucht sie relativ nur wenig Arbeit zum Lösen.

Auslösearbeit und Beanspruchung der Sekundärklinke könnten aufs äußerste herabgesetzt werden, wenn die Verhältnisse an der Primärklinke

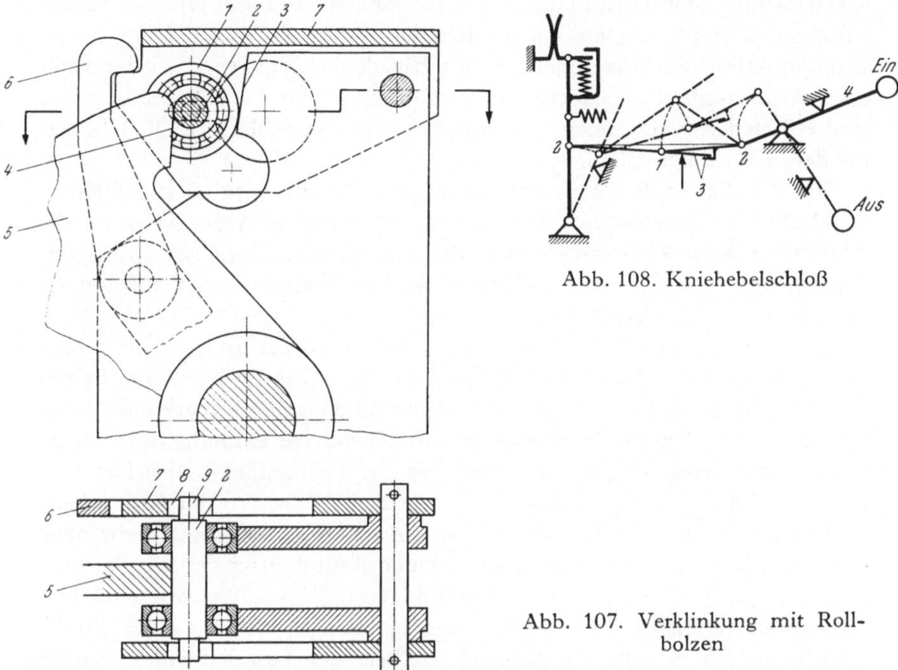

Abb. 108. Kniehebelschloß

Abb. 107. Verklinkung mit Rollbolzen

so abgestimmt sind, daß sie fast von selbst hält; damit wäre eine Unsicherheit verbunden, welche in der Schwankung der Gleitreibungszahl (Oberflächenbeschaffenheit, Luftfeuchtigkeit, Fett) liegt. Davon frei ist die Verklinkung mit Rollbolzen nach Abb. 107. Die Außenlaufringe *1* der Kugellager auf dem Rollbolzen *2* stützen sich auf festliegende Flächen *3* ab, welche um einen ganz geringen Winkel gegen die Fläche *4* des zu verklinkenden Teiles *5* geneigt sind, welche sich auf den Rollbolzen *2* stützt. Letzterer wird daher, unbeeinflußt durch Gleitreibung, mit kleiner Kraft nach außen getrieben, daran aber durch den von der Klinke *6* gehaltenen Hebel *7* gehindert, in dessen Schlitzen *8* sich der Rollbolzen mit Ansätzen *9* führt. Auslöser wirken auf Klinke *6*.

Da Klinken in die Massenerzeugung nicht recht hineinpassen, baut man vielfach auch sogenannte Kniehebelschlösser. Die Koppel des Kurbelvierecks in Abb. 69 wird, s. Abb. 108, durch ein Gelenk *1* unterteilt, welches nur wenig abseits der Verbindungsgeraden der Gelenke *2* der Koppel liegt. Der so entstandene Kniehebel will sich durchdrücken, wird aber daran durch die Anschläge *3* gehindert. Die Auslöser drücken das Kniegelenk *1* so weit nach der entgegengesetzten Richtung durch, bis die Gelenkreibungen das weitere Durchdrücken unter dem Einfluß der Kontaktkraft- und der Ausschaltfedern nicht mehr aufhalten können und der Schalter öffnet. Der Mechanismus geht dabei in die strichliert gezeichnete Lage. Um ihn wieder einschaltbereit zu machen, ist der Betätigungshebel *4* in die Lage „aus", strichpunktiert, zurückzuholen, wodurch sich der Kniehebel wieder nach der Anschlagseite durchdrücken kann. Falls das nicht die Schwere bewirkt, sind Hilfsfedern vorzusehen, wie übrigens auch bei Schlössern mit Klinken für deren Wiedereinfallen.

Das den Serienklinken zugrunde liegende Prinzip wird auch auf Kniehebelschlösser angewendet: Statt der Anschläge *3* in Abb. 108 wird ein sekundärer Kniehebel vorgesehen, der fast in Strecklage ist und durch Anschläge am Durchdrücken gehindert ist. Die Auslöser wirken auf Durchdrücken in entgegengesetzter Richtung.

Da im Kurzschlußfall schnell ausgeschaltet werden soll, ist die Trägheitswirkung der Schaltschloßteile zu beachten. Günstig ist diesbezüglich das einfache Schloß nach Abb. 103. Während sich die Primärklinke *3* des Schlosses Abb. 106 löst, ergibt sie ein großes auf die Drehung des Schaltarmes reduziertes Trägheitsmoment; bis die Primärklinke ausgelöst hat, ist der Schalter verhältnismäßig träge. Bei den Schlössern mit Kniehebeln bewegen sich deren Teile während des ganzen Ausschaltweges mehr oder weniger rasch im Verhältnis zum Schaltarm und machen den Schalter dadurch träger. Flinkes Ausschalten und geringe Auslösearbeit sind nur schwer zu vereinen! Ist $A = A(\varphi)$ die bis zur Erreichung eines Drehwinkels $\varphi$ des Schaltarms geleistete Arbeit der ausschaltenden Kräfte (Federn, Schwere), $\mathfrak{J}_r = \mathfrak{J}_r(\varphi)$ das auf Schaltarmdrehung reduzierte Trägheitsmoment, gilt mit $t$ als Zeit

$$\mathfrak{J}_r(\varphi)\left(\frac{\mathrm{d}\varphi}{\mathrm{d}t}\right)^2 \bigg/ 2 = A(\varphi), \quad \mathrm{d}t = \mathrm{d}\varphi\,\frac{\sqrt{\mathfrak{J}_r(\varphi)}}{\sqrt{2A(\varphi)}} \quad \text{und} \quad t = \int\limits_0^\varphi \frac{\sqrt{\mathfrak{J}_r(\varphi)}}{\sqrt{2A(\varphi)}}\,\mathrm{d}\varphi.$$

Demnach ist bei variablem $\mathfrak{J}_r$ ein großer Wert desselben zu Beginn der Bewegung, wo $A$ also noch geringe Werte hat, von größerem Einfluß auf die Dauer des Ausschaltvorgangs als bei schon fortgeschritteneren Drehwinkeln!

## D. Indirekte (Federspeicher-)Antriebe

Diese Antriebe kommen sowohl bei kleinen als auch bei mittleren und schweren Schaltgeräten vor; beim gewöhnlichen Lichtschalter z. B. nur zum Zweck, zügiges Schalten unabhängig von der Bedienung zu sichern, bei den Hochspannungs-Leistungsschaltern z. B. aber, um das hohe mechanische Leistung erfordernde Einschalten dieser Schalter von Hand oder durch einen Elektromotor relativ kleiner Leistung zu ermöglichen. Ein Federspeicherantrieb dieser Art wird durch Abb. 109 im Prinzip dargestellt. Nur zwecks größerer Anschaulichkeit sind dort geradegeführte, stark exzentrisch belastete Teile gezeichnet, die für die wirkliche Ausführung nicht in Frage kommen; dies gilt auch für die Abb. 110. Abb. 109

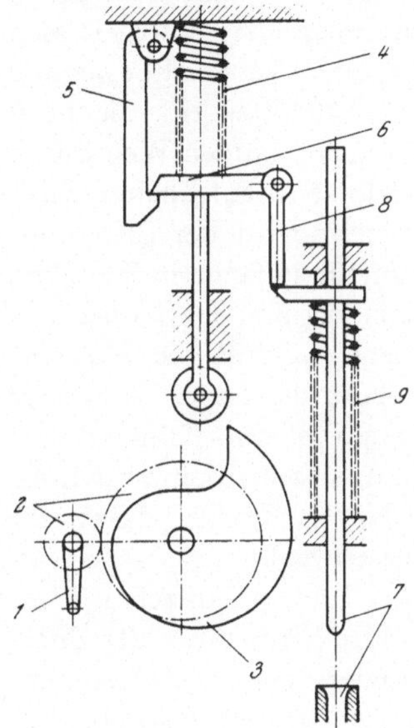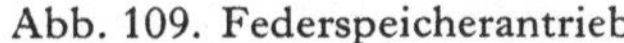

Abb. 109. Federspeicherantrieb

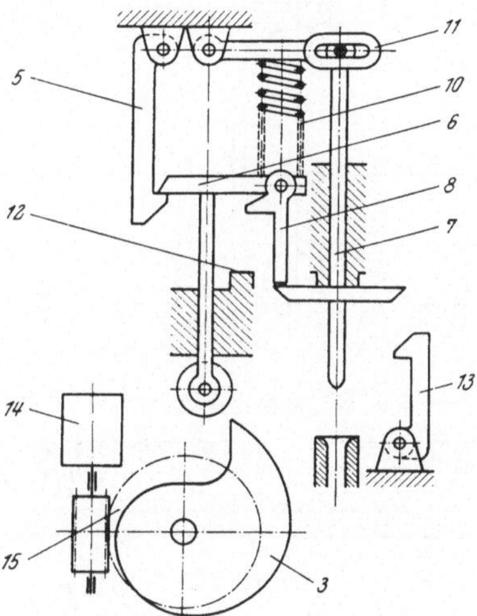

Abb. 110. Federspeicherantrieb

zeigt den Zustand „Schalter einschaltbereit". Mittels Handkurbel *1* wurde über das Zahnradgetriebe *2* die Kurvenscheibe *3* in die gezeichnete Lage gedreht und dabei die Einschaltfeder *4* gespannt. Sie kann aber nicht einschalten, weil die Einschaltklinke *5* eingefallen ist. Auch die zwischen Teil *6* und dem eigentlichen Schalter *7* kuppelnde oder entkuppelnde Ausschaltklinke *8* ist eingefallen. Wird nun die Klinke *5* gelöst (eine Verriegelung sorgt dafür, daß das nur in der gezeichneten Lage von *3* möglich ist), schaltet die Einschaltfeder *4* den Schalter ein, denn sie ist imstande, die Ausschaltfeder *9* zu überwinden. Durch Eingriff eines Auslösers auf die Ausschaltklinke *8* kann der Schalter zum Ausschalten gebracht werden. Wenn anschließend Kurvenscheibe *3* durch Handkurbel *1* um 360° gedreht worden ist, ist der gezeichnete Zustand wiederhergestellt. Abb. 110 zeigt schematisch einen Motor-Federspeicherantrieb mit einer einzigen, sowohl dem Ein- als auch dem Ausschalten dienenden Feder *10*. Teile, die sowohl hier als auch bei der Ausführung nach Abb. 109 vorkommen, sind gleich bezeichnet. Die Wirkungsweise wird verständlich, wenn man bedenkt, daß über den Hebel *11* die Kraft der Feder *10* verringert auf den Schaltstift *7* übertragen wird, über die Klinke *8* jedoch voll. Bei Motor-Federspeicherantrieben wünscht man, daß die Speicherfeder gleich nach dem Einschalten selbsttätig wieder gespannt wird, um den Schalter nach einer Auslösung sofort einschaltbereit zu haben. Eine Möglichkeit der Verwirklichung zeigt die Abb. 110. Durch einen Ablenker *12* wird Klinke *8* am Ende der Einschaltbewegung ausgelöst; infolgedessen setzt eine Ausschaltbewegung des Schaltstiftes ein, die nach einem ganz kurzen Weg durch die Klinke *13* aufgehalten wird. Nunmehr wird der Schaltmotor *14* für so lange in Tätigkeit gesetzt, bis über das Schneckengetriebe *15* und die Kurvenscheibe *3* die Feder *10* wieder gespannt ist und Klinke *5* einfällt. Auslöser wirken auf Klinke *13*. Klinke *8* wird dabei mit ausgeschwenkt.

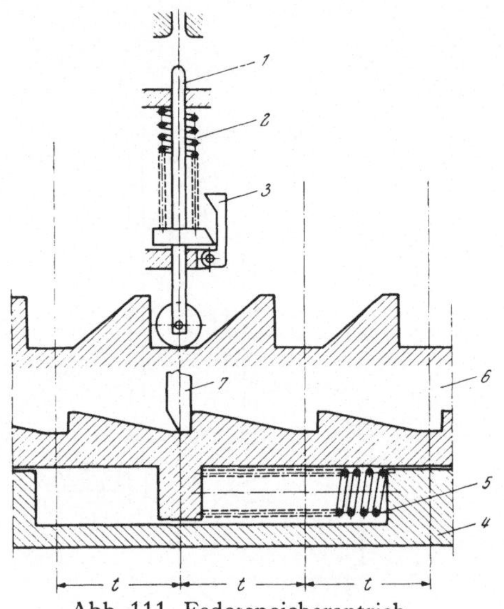

Abb. 111. Federspeicherantrieb

Im Prinzip einfacher kann die Wiederaufladung der Speicherfeder bei geschlossenem Schalter bei dem Antrieb nach Prinzipskizze Abb. 111 ermöglicht werden. Charakteristisch ist hier, daß die Ladung durch Bewegung des einen Federendes, die Entladung durch Bewegung des anderen Federendes erfolgt. *1* ist der Schaltstift, *2* die Ausschaltfeder, *3* die Ausschaltklinke. Teil *4* wird nach jeder Einschaltung durch einen Schaltmotor um die Strecke *t* nach links weiterbewegt. Gezeichnet ist der Schalter einschaltbereit. Die Einschaltfeder *5* ist geladen und will Teil *6* nach links mitnehmen, wird aber daran durch die Einschaltklinke *7* gehindert. Wird diese gelöst, schnellt Teil *6* nach links bis zur Berührung der Teile *4* und *6*, und zwar um die Strecke *t* (wobei Klinke *7* wieder einfallen kann). Die obere Kurve von Teil *6* schaltet dabei den Schaltstift *1* ein, der in dieser Lage durch Klinke *3* gehalten wird. Nunmehr bewegt der Schaltmotor bei verharrendem Teil *6* unter Aufladung der Feder *5* den Teil *4* um die Strecke *t* nach links, falls Klinke *7* eingefallen ist. Auslöser wirken auf Klinke *3*; man erkennt, daß der Schalter nur während der kurzdauernden Bewegungen von Teil *6* nicht ausschaltfähig ist. Bei der praktischen Durchführung des Prinzips machen die Teile *4* und *6* koaxiale Drehbewegungen, wobei der Strecke $t$ eine Umdrehung entspricht; Feder *5* ist meist eine Spiralfeder.

Wo bei Beschreibungen zu den Abb. 109, 110, 111 einfach von Klinken die Rede war, können naturgemäß statt derer andere Mechanismen, wie sie in Abschn. III C beschrieben sind, verwendet werden.

Bei der weitverbreiteten „Kurzunterbrechung" wird der Hochspannungs-Leistungsschalter wenige Zehntelsekunden nach einer durch Kurzschluß veranlaßten Abschaltung wieder eingeschaltet, in der Erkenntnis, daß die meisten Kurzschlüsse in Hochspannungsnetzen nur vorübergehend sind, längeres Abgeschaltetsein aber betrieblich nachteilig ist. Bei bestehen-

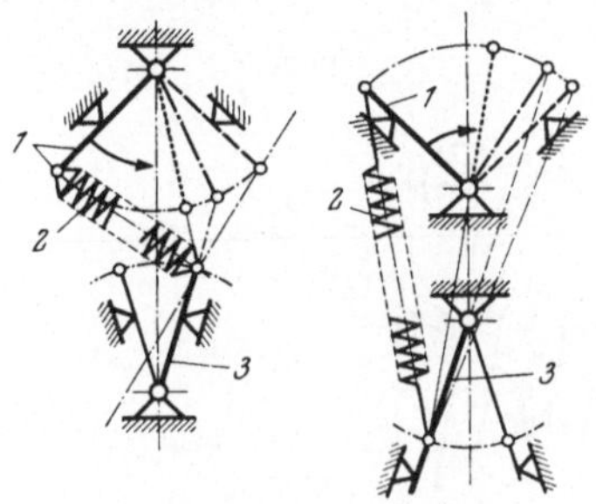

Abb. 112. Kippschalter-
mechanismus

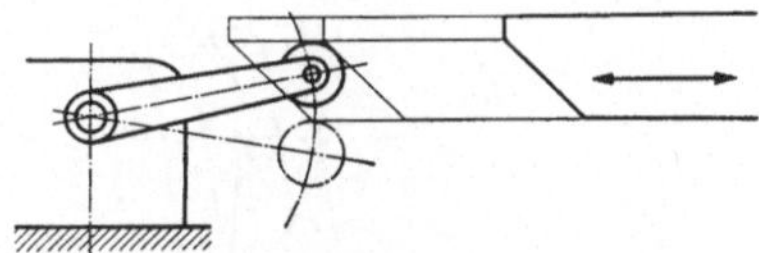

Abb. 113. Wegabhängiger Schalter —
Betätigung

gebliebenem Kurzschluß schaltet der Schalter neuerlich aus und verbleibt so bis auf weiteres. Bei für Kurzunterbrechung ausgestalteten Federspeicherantrieben muß auch die für die zweite Einschaltung nötige Energie mitgespeichert werden.

Von den Federspeicherantrieben, die lediglich zügiges Schalten sichern sollen*), ist der Kippschaltermechanismus Abb. 112 der bekannteste. Hebel *1* wird willkürlich zwischen den gezeichneten Anschlägen bewegt. Eine Druck- bzw. Zugfeder *2* kuppelt Kurbel *1* nachgiebig mit Kurbel *3*, auf deren Welle man sich eine Schaltwalze, Nockenwalze oder einen anderen, in den Endstellungen rückwirkungsfreien Kontaktapparat zu denken hat. Ist das System sich selbst überlassen, kommen die gezeichneten zwei von den vier Anschlägen zur Wirkung. Bewegt man *1* in Pfeilrichtung, nimmt das von *2* auf *3* ausgeübte Drehmoment wegen Verkleinerung des Hebelarmes auf Null ab und kehrt anschließend seine Richtung um. Kurbel *3* und die Schaltwalze oder dergleichen setzen sich daher bei ständig wachsendem Drehmoment in Bewegung, bis die schwächer gezeichnete Anschlaglage erreicht ist. Analoges vollzieht sich bei Rückbewegung von Kurbel *1*. Man kann die Anschläge von Kurbel *3* einfach als Druckkontakte benützen, es darf aber dann nicht Kurbel *1* willkürlich bewegt werden, sondern sie

---

*) Man nennt sie meist Momentschalteinrichtungen.

muß von dem willkürlich bewegten Teil mit Spiel mitgenommen werden, damit sie ihm auch voreilen kann, was sie ab der punktiert gezeichneten Lage will; andernfalls sind Dauerzustände ohne oder mit ungenügender Kontaktkraft möglich — s. die strichpunktiert gezeichnete Lage von *1*.

Wenn bei wegabhängigen Schaltern der steuernde Teil nach Betätigung noch weiterläuft, dann muß die Bewegung des Schalters über einen Kurventrieb nach Abb. 113 abgenommen werden; der Hebel wird meist durch Federkraft gegen die dann nur einseitige Leitkurve gedrückt. Federspeicherantriebe sind für wegabhängige Schalter entbehrlich, wenn Abschaltungen

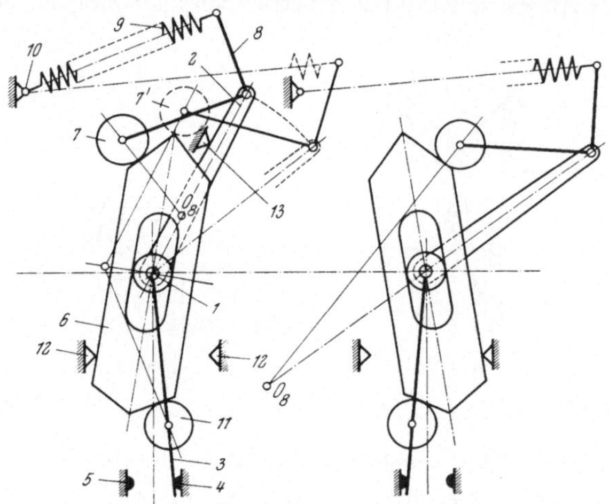

Abb. 114. Momentschaltmechanismus

unter Last nur bei einer annehmbaren Geschwindigkeit des steuernden Teiles und einem Auslaufweg erfolgen, der eine ausreichende Kontaktöffnung sichert. Bei Kran-Endschaltern ist dies erfüllt.

Einen für einen Umschalter mit Druckkontakten geeigneten Momentschaltmechanismus zeigt im Prinzip die Abb. 114. Um ein und dieselbe Achse *1* drehen sich sowohl der steuernde Hebel *2* als auch der Schaltarm *3*, dessen Gegenschaltstücke *4* und *5* sind. Das Zwischenstück *6* mit den beiden Dachprofilen ist mittels eines Radialschlitzes und einer auf Achse *1* gelagerten Rolle geführt. Gegen das eine Dachprofil wird die Rolle *7* gedrückt, die auf dem Hebel *8* sitzt, der auf Hebel *2* gelagert ist und dessen anderer Arm unter Wirkung der Zugfeder *9* steht; ihr anderes Ende ist am Fixpunkt *10* eingehängt. Das andere Dachprofil arbeitet mit der im Schaltarm *3* gelagerten Rolle *11* zusammen. Das Zwischenstück hat die Gegenanschläge *12, 12*, der Hebel *2* den Gegenanschlag *13*. Wird Hebel *2* im Uhrzeigersinn gedreht, ergibt sich aus der Lage des Momentanpols $O_8$ von Teil *8*, daß die Feder *9* ausgedehnt wird, d. h. sie will Hebel *2* zurückführen und gibt die für eine Anordnung nach Abb. 113 erforderliche Wirkung (ebenso wenn Rolle 7 die gegengeneigte Dachfläche berührt). Bei der Lage 7' von Rolle 7 ist Anschlag 12 entlastet, wobei die Kontaktkraft an 4 aufrechterhalten ist. Bei der kleinsten Weiterbewegung von Hebel 2 ist das Gleichgewicht von Teil 6 gestört und er schnellt im Gegenuhrzeigersinn drehend bis zum anderen Anschlag. Dabei ist Rolle 11 auf die gegengeneigte

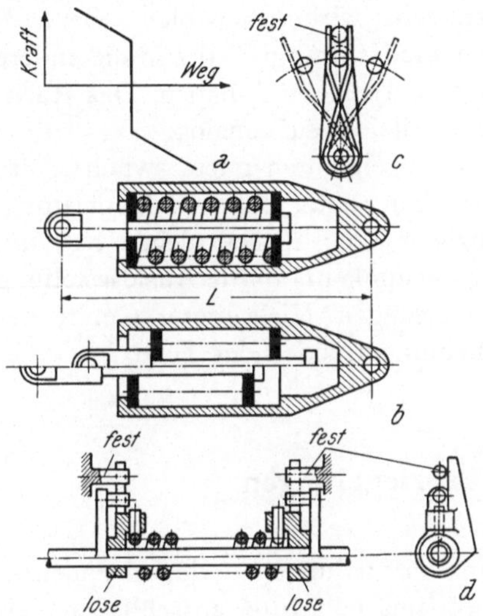

Abb. 115. Zangenfedern

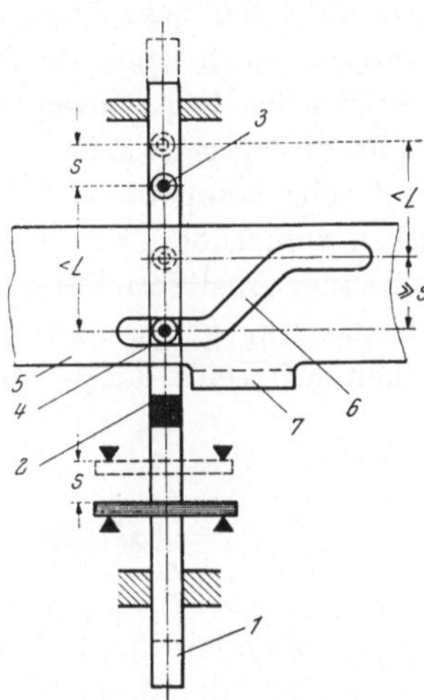

Abb. 116. Momentschalt-
mechanismus

Dachfläche gelangt, und der Schaltarm 3 wird dadurch in die andere Endlage gedrängt. Wünscht man keine rückstellende Wirkung auf Hebel 2, ist Feder 9 dort anzuhängen anstatt an Punkt 10. Die Reibung blieb bei der früheren Betrachtung der Wirkungsweise der Kürze wegen unbeachtet!

Eine weitere Gruppe von Momentschaltmechanismen arbeitet mit klinkenartiger Bewegungsfreigabe des eigentlichen Schalters, der unter der richtungswechselnden Wirkung einer Zangenfeder steht; dieses Element ermöglicht eine Weg-Kraft-Kurve (bzw. Winkel-Drehmoment-Kurve) gemäß Abb. 115a, wobei die einzige in ihm enthaltene Feder trotz Richtungswechsel der von ihm ausgeübten Kraft stets nur in einem Sinn (z. B. auf Druck) belastet wird. Die Abb. 115b stellt eine Zangenfeder für Längswirkung dar und erläutert die Wirkungsweise. In Abb. 115c und 115d sind Zangen-Drehfederungen skizziert. In Abb. 116 ist 1 der bewegliche, geradegeführte Umschalterteil; die nötige Federung der Schaltbrücke ist nicht gezeichnet. Teil 1 hat eine Nase 2 und den Angriffspunkt 3 für eine Zangenfeder (nach Art Abb. 115b), deren anderes Ende, Punkt 4, in der gleichen Richtung wie *1* geführt ist; senkrecht dazu ist der steuernde Teil *5* hin und her bewegbar; er hat einen Schlitz *6*, mittels dessen Punkt *4* zwischen zwei Grenzlagen bewegt wird, und eine Sperrleiste *7*. In der gezeichneten Situation ist die Zangenfeder gegenüber ihrer neutralen Länge *L* (s. Abb. 115b) ausgedehnt und dementsprechend der untere Umschaltkontakt geschlossen. Dies bleibt so bei einer Bewegung von *5* nach links, weil Sperrleiste *7* sich vor Nase *2* legt und dadurch die Änderung der Richtung der Kraft der Zangenfeder zunächst wirkungslos bleibt. Schließlich gibt *7* die Nase *2* frei, und die Zangenfeder drängt Teil *1* in die andere Endlage. In ihr muß die Zangenfeder eine Länge $< L$ haben. Das Rückschalten bei Rechtsbewegung von Teil *5* vollzieht sich analog.

Es gibt gegenwärtig viele Typen von sogenannten micro-switches, das sind sehr kompendiös gebaute Schalter bei relativ hoher Schaltleistung, deren steuernder Teil nur einen winzigen Weg zurückzulegen hat, um von einer Auslösestellung (nach Bewegungsumkehr) in die Auslösestellung für die entgegengesetzte Schaltung zu gelangen. Viele dieser Geräte beruhen auf Knick-Kipp- oder Beulerscheinungen federnder Teile.

## E. Mechanische Verriegelungen

Sie sollen bestimmte Kombinationen von Stellungen zweier oder mehrerer Geräte oder dergleichen durch mechanische Mittel ausschließen. Als einfaches Beispiel sei das Verriegelungsprogramm aufgestellt für einen Straßenbahn-Fahrschalter für zwei Fahrmotoren, die beim Fahren serie-parallelgeschaltet werden und mit welchen in Parallelschaltung (Kreuzschaltung) gebremst wird. Zu betätigen ist die Umschaltwalze (*UW*) und die Hauptwalze (*HW*). Erstere hat außer der Nullstellung für jede der beiden Fahrtrichtungen *V* und *R* die Stellungen *I*, *II*, *I + II*, was bedeutet, daß entweder nur mit Motor *I*, nur mit Motor *II* (diese Fälle bei Defekten) oder mit beiden Motoren zugleich gefahren wird. Der Betätigungsgriff der *UW* ist nur in deren 0-Stellung abzieh- und aufsteckbar; dadurch soll nur der fahren können, der im Besitz dieses Griffes ist. Die *HW* hat außer der Nullstellung Fahrstellungen, in denen die Motoren in Serie sind, und anschließend Fahrstellungen, in denen die Motoren parallel sind, und, jenseits der 0-Stellung, die Bremsstellungen. Nicht vorkommen dürfen folgende Kombinationen:

| Umschaltwalze | Hauptwalze |
|---|---|
| 1. Null | sämtliche Fahr- und Bremsstufen |
| 2. sämtliche Zwischenstellungen | sämtliche Fahr- und Bremsstufen |
| 3. *V I, V II, R I, R II* | sämtliche Stellungen Parallelfahrt |

*Begründung*

Zu 1. Beim Betätigen des Fahrschalters auf dem bemannten Führerstand, sofern deren zwei existieren, ist der richtige Schaltungsablauf nur gesichert, wenn auf dem unbemannten Führerstand, auf dem ja die Umschaltwalze auf Null steht, die Hauptwalze auf Null steht.

Zu 2. Die Umschaltwalze ist nicht für Lastschaltungen eingerichtet, die aber, außerdem unter Störung des richtigen Schaltungsablaufes, eintreten würden, wenn in Stellungen der *HW*, ausgenommen 0, die *UW* ihre Stellung ändern, d. h. in Zwischenstellungen kommen könnte.

Zu 3. Ein, weil defekt, abgeschalteter Motor darf nicht an Spannung gelegt werden.

Abb. 117 zeigt schematisch, wie das Programm gewöhnlich erfüllt wird. Die Welle der *UW* trägt die Rastenscheibe *1*, deren Lücken ihren Grund

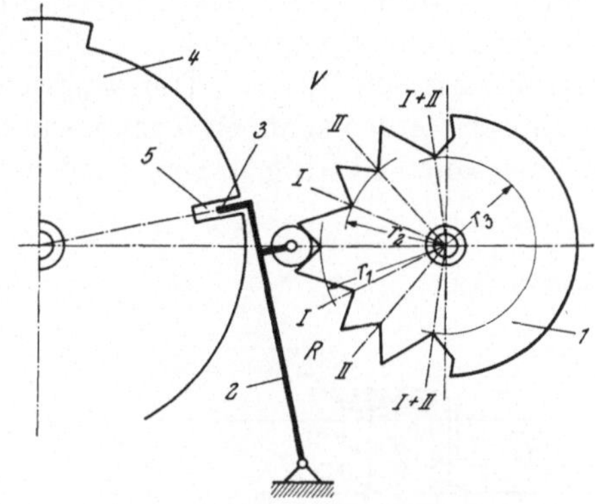

Abb. 117. Verriegelung bei Fahrschalter

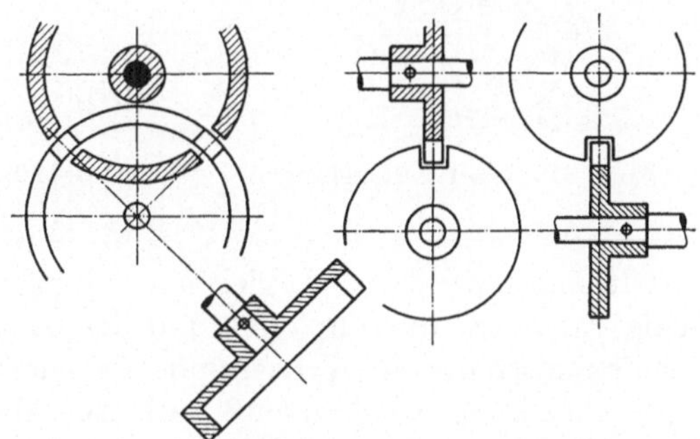

Abb. 118. Mechanische Verriegelungen

auf drei verschiedenen Radien $r_1$, $r_2$, $r_3$ haben. Der Rastenhebel *2* hat den Fortsatz *3*. Die Welle der *HW* trägt die Sperrscheibe *4*. In der gezeichneten Situation, *UW* und *HW* in 0-Stellung, ragt *3* in die Ausnehmung *5* der Scheibe *4*; man sieht, Programmpunkt 1 ist erfüllt. Infolge der Zähne der Rastenscheibe *1* sind Zwischenstellungen der *UW* unmöglich, ausgenommen in Stellung 0 der *HW*, also ist auch Punkt 2 erfüllt. Im Bereich der Parallelstellungen der *HW* ist der Außenradius von *4* vergrößert. Dort findet Fortsatz *3* keinen Platz in den Stellungen der *UW*, die durch $r_2$ gekennzeichnet sind, womit Punkt 3 erfüllt ist.

Beispiele von Verriegelungen, bei denen kein Zwischenglied wie der Teil *2* in Abb. 117 benötigt wird, zeigt die Abb. 118.

Eine oft anwendbare einfache Verriegelung von zwei Wellen besteht darin, daß für die Betätigung von beiden nur ein Griff vorhanden ist, der nur in bestimmten Stellungen der beiden Wellen auf diese aufgesetzt und von ihnen abgenommen werden kann. In Abb. 119 ist *1* der vierkantige Dorn, in welchem die Welle *2* endet, *3* der Griff, der mit einer Scheibe *4* mit Ausnehmung *5* versehen ist. Die fest angebrachte Sperrnase *6* (für *5* passend) hat den Absatz *7* (für *4* passend). Damit die Verriegelung nicht umgangen werden kann, ist *6* genügend hoch zu machen und die Vierkanthöhlung von *3* einseitig zu verschließen!

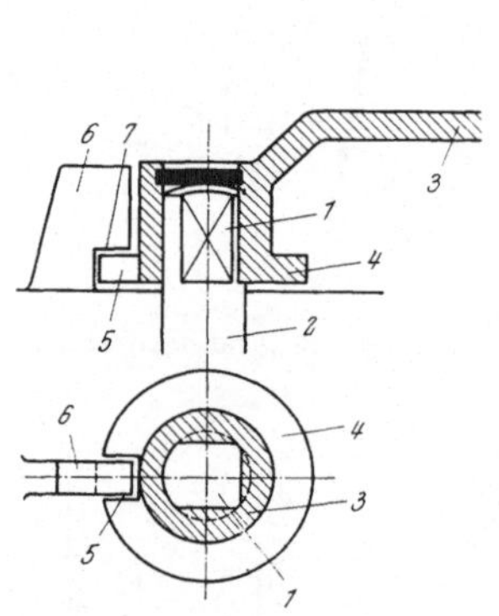
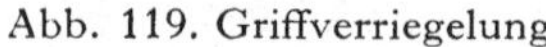
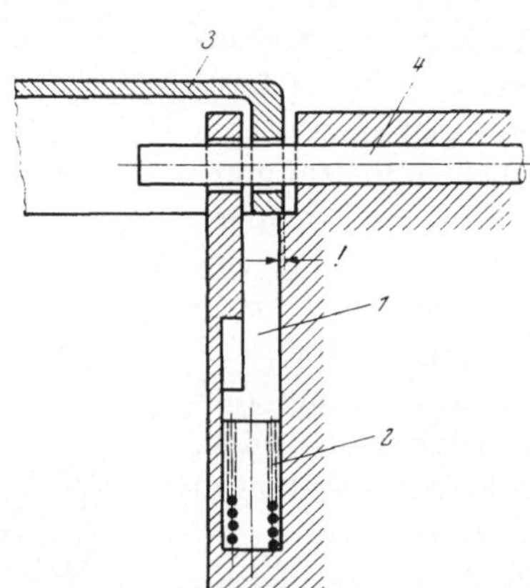

Abb. 119. Griffverriegelung          Abb. 120. Verriegelung Tür — Schalter

Oft sind Türen und dergleichen mit Schaltern zu verriegeln: Gleichzeitig darf nicht die Tür offen und der Schalter eingeschaltet sein. Man kann praktisch das eine Verriegelungselement nicht die ganze Türbewegung mitmachen lassen, sondern muß, etwa nach Abb. 120, einen Teil *1* vorsehen, der durch Feder *2* beim Öffnen der Tür *3* nachrückt und diese sozusagen vertritt, damit der vom Schaltergestänge mitbewegte Teil *4* nicht in Einschaltlage gebracht werden kann. Dies ist erst nach dem Schließen der Tür möglich, durch das Loch in ihrem Rahmen. Damit die Verriegelung nicht umgangen werden kann, muß Teil *3* gegen Teil *1* etwas vorspringen! Derartige Verriegelungen hängen von der Feder *2* und dem leichten Gang von Teil *1* ab, und ein absichtliches Umgehen (Zurückschieben von *1* mittels eines Werkzeugs bei offener Tür) ist kaum gänzlich zu verhindern.

Schon wegen des Totgangs wird man Verriegelungen an Stellen eingreifen lassen, an denen relativ kleine Kräfte auftreten. Wenn dabei Wellen zu verriegeln sind, die mehrere Umdrehungen machen, muß man zur Feinverriegelung eine Grobverriegelung parallel anordnen. Das Zusammentreffen der mittleren Stellungen von Welle *1* in Abb. 121 mit sämtlichen Stellungen von Welle *2*, ausgenommen eine im Bereich ihrer insgesamt *n*

Umdrehungen, soll verhindert sein. Dazu ist Welle *2* mit der Fein-Sperr-scheibe *3* versehen und treibt mittels Schneckengetriebes, im Verhältnis $n+1$ langsamer, die Welle *4* an, wel-che die Grob-Sperrscheibe *5* trägt (das Getriebe ist nur für eine geringfügige Umfangskraft zu bemessen). Welle *1* trägt den Winkelhebel *6*, der die Sperr-nasen *7* und *8* hat, welche nur in der gezeichneten Stellung der Wellen *2* und *4* Platz in den Ausnehmungen *9* und *10* von *3* bzw. *5* haben. Die Breiten der Ausnehmungen *9*, *10* sind natürlich so bemessen, daß eine ver-suchte Drehung von Welle *2* ihre Be-grenzung sicher an Scheibe *3* findet.

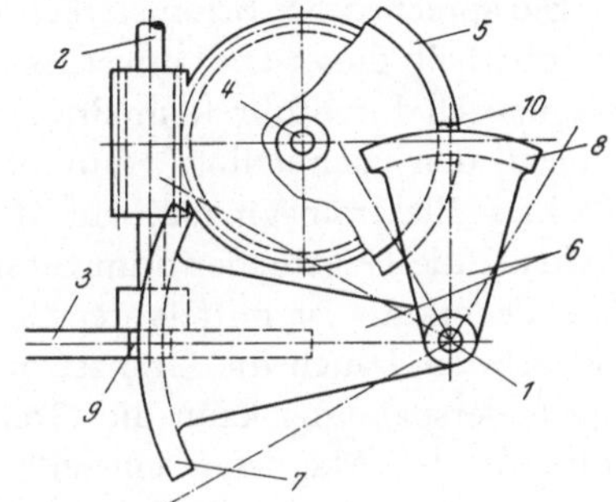

Abb. 121. Grob- und Feinverriegelung

Die Grob-Sperrscheibe kann auch dazu dienen, einen Anschlag so in die Bahn eines mit Welle *2* drehenden Anschlags zu steuern, daß der letztere den Bewegungsbereich der Welle *2* von insgesamt *n* Umdrehungen be-grenzt, also mit hoher Genauigkeit und bei Auftreten relativ kleiner Kräfte.

# IV. Auslöser und Thermorelais

Die Auslöser überwachen den Strom in einer elektrischen Maschine, einer Leitung usw., um ihn durch Einwirkung auf ein Schaltschloß eines verklinkten Schalters zu unterbrechen, falls Kurzschluß oder Überlastung eintritt. Meist ist gegen jedes dieser Vorkommnisse ein besonderer Schutz vorgesehen und dementsprechend zwischen Kurzschluß- und Überlast-auslösern zu unterscheiden. Die hier behandelten sind bei Niederspan-nungs-Leistungsschaltern in Gebrauch und sind meist noch durch Null-spannungsauslöser ergänzt, welche bei Ausbleiben oder Absinken der Span-nung unter eine gewisse Grenze eine Abschaltung bewirken. In Hoch-spannungsanlagen ist der übliche Schutz wesentlich verwickelter und ge-schieht meist durch über Strom- und Spannungswandler gespeiste Relais, welche beim Ansprechen den Stromkreis eines auf das Schaltschloß wirken-den Auslösemagneten öffnen (Ruhestromschaltung; eine Feder, welche der Magnet gespannt gehalten hat, löst aus) oder schließen (Arbeitsstrom-schaltung; Magnet löst aus).

## A. Kurzschlußauslöser

Sie sprechen bei Stromstärken unterhalb der einstellbaren Grenze nicht an, oberhalb dieser aber unverzögert. Dies läßt sich am einfachsten elektromagnetisch durchführen, im Prinzip gemäß Abb. 122. Der das zu schützende Objekt, den „Schützling", durchfließende Strom geht durch die Wicklung *1* eines Elektromagneten, auf dessen möglichst reibungsfrei drehbaren Anker *2* die Gegenfeder *3* im Sinn des Anlegens an den Anschlag *4* wirkt. Die Federkraft ist mittels der Schraube *5* einstellbar (Stromskala), dementsprechend auch die Grenzstromstärke für das Ansprechen; statt durch die Federspannung kann die Grenzstromstärke auch durch den Anfangsluftspalt des Magneten einstellbar gemacht sein. Wichtig ist, daß der

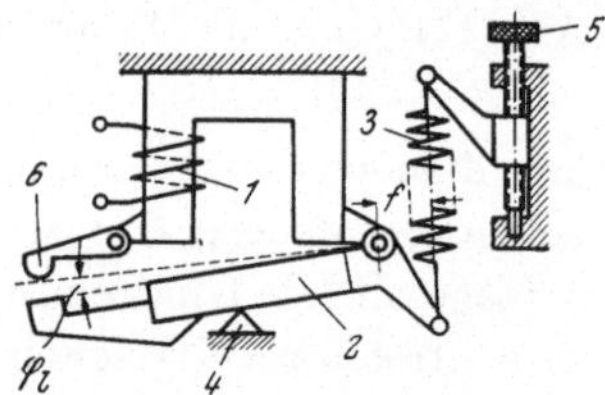

Abb. 122. Kurzschlußauslöser

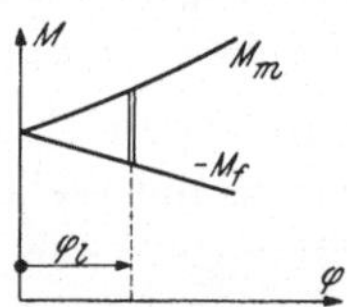

Abb. 123. Kurzschlußauslöser
Diagramm

Anker beim Anziehen erst einen Leerwinkel $\varphi_l$ zurückzulegen hat, bevor er auf den Hebel *6* des Schaltschlosses trifft. Dadurch wird das Ansprechen des Auslösers (die Einhaltung der Grenzstromstärke) nicht vom Kraftbedarf des Schaltschlosses (Reibung) beeinflußt. Wie groß $\varphi_l$ zu wählen ist, geht aus dem Diagramm Abb. 123 hervor. In Abhängigkeit vom Drehwinkel $\varphi$ des Ankers ab Anschlaglage sind einander gegenübergestellt das Drehmoment $M_f$ der Gegenfeder und das magnetische Drehmoment $M_m$, und zwar letzteres bei der Grenzstromstärke. Die beiden Kurven schneiden einander naturgemäß bei $\varphi = 0$. Für $\varphi > 0$ muß die $M_f$-Kurve stets unterhalb der $M_m$-Kurve liegen, damit bei Einsetzen der Ankerbewegung Drehmomentüberschüsse im Bewegungssinn entstehen (labiler Gleichgewichtszustand bei $\varphi = 0$). Bei $\varphi = \varphi_l$ muß der Überschuß sicher den Kraftbedarf des Schaltschlosses decken. Der Drehmomentüberschuß während des Leerwinkels $\varphi_l$ schafft Bewegungsenergie des Ankers, der damit mit Schlag auf das Schaltschloß wirkt; man sollte diesen nur als zusätzliche Auslösesicherheit werten. Eine nur schwach steigende, erst recht eine fallende $M_f$-Kurve gibt große Drehmomentüberschüsse. Zur Verwirklichung dessen nimmt der Hebel *f* der Federkraft in Abb. 122 beim Anziehen des Ankers stark ab. Bei derlei Anordnungen wird die Kraft im Gelenk relativ hoch, und daher ist es möglichst reibungsarm zu gestalten — etwa als Schneide und Pfanne.

## B. Überlastauslöser

Da man den Schützling vor schädlicher Überlastung bewahren, seine Überlastungsfähigkeit jedoch ausnützen will, muß die Auslösung zeitabhängig sein: Eine starke Überschreitung des dauernd zulässigen Stromes muß eine frühere Auslösung bewirken als eine geringe. Der Strom, der, dauernd fließend, gerade zum Auslösezustand führt, heißt Grenzstrom. Die meisten Überlastauslöser verwenden Thermobimetalle, das sind besondere Blechstreifen, die bei Veränderung ihrer Temperatur ihre Form verändern und dadurch auf das Schaltschloß einwirken können. Wenn dann der Strom, der durch den Schützling fließt oder ein von ihm abhängiger, auch das Bimetall aufheizt und dessen Temperatur jederzeit proportional

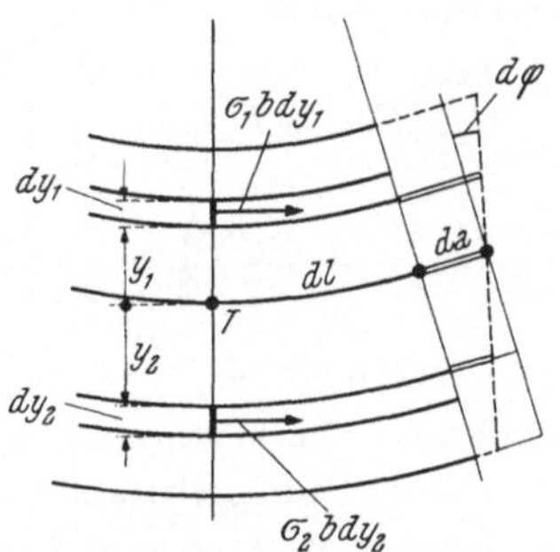

Abb. 124. Zur Bimetallberechnung

jener der kritischen Stelle des Schützlings wäre (thermisches Abbild), wäre der ideale Schutz verwirklicht. Die obgenannte Eigenschaft der Thermobimetalle kommt dadurch zustande, daß sie aus zwei schon vor dem gemeinschaftlichen Auswalzen miteinander verschweißten Teilstreifen aus Metallen möglichst unterschiedlicher Wärmeausdehnungszahl bestehen. Bei Temperaturänderungen krümmen sich diese Streifen natürlicherweise auch in Querschnittsebene; das vermindert die thermische Verkrümmung in der Längsebene, und daher wählt man die Breite $b$ des Streifens klein im Verhältnis zu seiner Länge oder unterteilt breitere Streifen durch Längsschlitze.

Die beiden Komponenten des Bimetalls haben die Wärmeausdehnungszahlen $\alpha_1$ bzw. $\alpha_2$ und die E-Moduln $E_1$ bzw. $E_2$. Wie bei der elementaren Biegetheorie kann man das Ebenbleiben der Bimetallquerschnitte bei Deformation annehmen. Ein Längenelement $\mathrm{d}l$ verändert, gemessen in der Trennschicht, seine Länge um $\mathrm{d}a$, während sich seine Endquerschnitte um den Winkel $\mathrm{d}\varphi$ gegeneinander verdrehen, s. Abb. 124. In Abhängigkeit von den Abständen $y_1$ bzw. $y_2$ sind die Dehnungen in Längsrichtung $\varepsilon_1 = (\mathrm{d}a + y_1 \mathrm{d}\varphi)/\mathrm{d}l$, $\varepsilon_2 = (\mathrm{d}a - y_2 \mathrm{d}\varphi)/\mathrm{d}l$. Da die Dehnungen zugleich unter dem Einfluß von Längsspannungen $\sigma$ und von Temperaturveränderungen $\vartheta$ entstehen, sind sie gleich $\alpha\vartheta + \sigma/E$ zu setzen. Also ist

$$\left.\begin{aligned}(\mathrm{d}a + y_1 \mathrm{d}\varphi)/\mathrm{d}l &= \alpha_1 \vartheta + \sigma_1/E, \\ (\mathrm{d}a - y_2 \mathrm{d}\varphi)/\mathrm{d}l &= \alpha_2 \vartheta + \sigma_2/E. \end{aligned}\right\} \tag{1}$$

Das System der den Spannungen $\sigma_1$, $\sigma_2$ entsprechenden elementaren Kräfte $\sigma_1 b\,\mathrm{d}y_1$ bzw. $\sigma_2 b\,\mathrm{d}y_2$ wird auf den in der Trennfläche liegenden Querschnittspunkt $T$ reduziert. Das gibt eine Längskraft $L = \int\limits_0^{s_1} \sigma_1 b\, dy_1 + \int\limits_0^{s_2} \sigma_2 b\, dy_2$ und

ein Biegemoment $M = \int\limits_0^{s_1} y_1 \sigma_1 b\, dy_1 - \int\limits_0^{s_2} y_2 \sigma_2 b\, dy_2$. Man setzt aus Gl. (1)

ein und ordnet

$$\frac{da}{dl}(E_1 s_1 + E_2 s_2) + \frac{d\varphi}{dl}\left(\frac{E_1 s_1{}^2}{2} - \frac{E_2 s_2{}^2}{2}\right) = \frac{L}{b} + \vartheta(\alpha_1 E_1 s_1 + \alpha_2 E_2 s_2),$$

$$\frac{da}{dl}\left(\frac{E_1 s_1{}^2}{2} - \frac{E_2 s_2{}^2}{2}\right) + \frac{d\varphi}{dl}\left(\frac{E_1 s_1{}^3}{3} + \frac{E_2 s_2{}^3}{3}\right) = \frac{M}{b} + \vartheta\left(\frac{\alpha_1 E_1 s_1{}^2}{2} - \frac{\alpha_2 E_2 s_2{}^2}{2}\right).$$

Diese Gleichungen bestimmen die Dehnung $da/dl$ und die Krümmungsänderung (Verkrümmung) $d\varphi/dl$ an einer Stelle des Streifens unter Einfluß der Temperaturänderung, der Längskraft und des Biegemoments. Erwünscht ist eine möglichst große thermische Verkrümmung $d\varphi/dl$ bei gegebenem $\vartheta$ und $s$. Wie leicht nachzuweisen, müssen dazu die Stärken mit den E-Moduln der beiden Teilstreifen in der Beziehung $E_1 s_1{}^2 = E_2 s_2{}^2$ stehen, und demgemäß werden die Bimetalle auch fabriziert. Es ist zweckmäßig, einen ideellen E-Modul einzuführen, definiert durch

$$E(s/2)^2 = E_1 s_1{}^2 = E_2 s_2{}^2. \tag{2}$$

Werden $E_1$, $E_2$ dementsprechend in das Gleichungspaar für $da/dl$ und $d\varphi/dl$ eingesetzt, tritt eine bedeutende Vereinfachung ein:

$$\left.\begin{aligned}
\frac{da}{dl} &= \frac{L}{E b s^3 / 4\, s_1 s_2} + \vartheta\,\frac{\alpha_1 s_2 + \alpha_2 s_1}{s}, \\[2mm]
\frac{d\varphi}{dl} &= \frac{M}{E b s^3 / 12} + \vartheta \cdot \frac{3}{2}\,\frac{\alpha_1 - \alpha_2}{s}.
\end{aligned}\right\} \tag{3}$$

Es verursacht also eine Längskraft $L$ keine Verkrümmung und ein Biegemoment $M$ keine Dehnung der Trennschicht; in diese fällt somit die neutrale Achse. Die Verkrümmung unter Biegemoment ist wie bei einem gewöhnlichen Biegungsstab, gerechnet mit dem ideellen E-Modul, denn es ist ja $b s^3 / 12$ in Gl. (3) das Biegeträgheitsmoment $\mathcal{J}$ des Streifenquerschnitts.

Die thermische Verkrümmung $\dfrac{d\varphi}{dl} = \vartheta\,\dfrac{3}{2}\,\dfrac{(\alpha_1 - \alpha_2)}{s}$ ist proportional der

Erwärmung $\vartheta$, proportional dem Wärmedehnungszahlunterschied $\alpha_1 - \alpha_2$ und umgekehrt proportional der Streifendicke $s$. Praktisch ist $da/dl$ belanglos; mit $\mathcal{J}$ und $\frac{3}{2}(\alpha_1 - \alpha_2) = K$ wird somit das Hauptergebnis

$$\frac{d\varphi}{dl} = \frac{M}{E \mathcal{J}} + \vartheta\,\frac{K}{s}. \tag{4}$$

Statt $K$ geben die Hersteller von Bimetallen meist die spezifische Ausbiegung $f_s$ an; sie ist, s. Abb. 125, die Durchbiegung in mm am Ende eines geraden, 100 mm langen, 1 mm dicken Streifens bei 1° C Temperaturänderung. Der Streifen krümmt sich dabei kreisförmig, daher ist

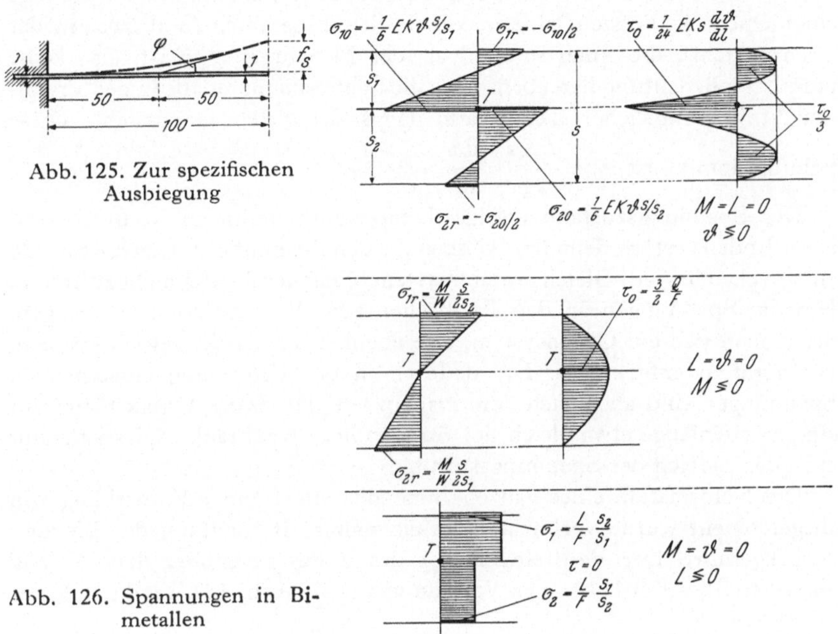

Abb. 125. Zur spezifischen Ausbiegung

Abb. 126. Spannungen in Bi-metallen

$$\varphi = \frac{f_s}{50} \quad \text{und} \quad \frac{\mathrm{d}\varphi}{\mathrm{d}l} = \frac{\varphi}{l} = \frac{f_s/50}{100} = \frac{f_s}{5000}.$$ Setzt man dies in Gl. (4) ein, sowie $M = 0$, $\vartheta = 1°$ C, $s = 1$ mm, erhält man

$$K = f_s/5000, \tag{5}$$

wenn in Gl. (4) als Längeneinheit mm gewählt wird. Die Spannungen $\sigma_1$, $\sigma_2$ ergeben sich durch Einsetzen von $\mathrm{d}a/\mathrm{d}l$ und $\mathrm{d}\varphi/\mathrm{d}l$ aus Gl. (3) in die Gl. (1) unter Berücksichtigung von Gl. (2). Am übersichtlichsten ist es, die Wirkungen von Temperaturänderungen und von mechanischer Belastung ($M$, $L$) getrennt zu verfolgen, denn ein Überlagern ist zulässig. Innerhalb der Teilstreifen verläuft die Längsspannung linear, es interessieren daher die Werte $\sigma_{1r}$, $\sigma_{2r}$ an den Rändern des Streifens und die Werte $\sigma_{10}$, $\sigma_{20}$ an der Trennschicht. Sie sind in Abb. 126 eingeschrieben; $W = b \cdot s^2/6$ ist das Widerstandsmoment des Streifens, $F = b \cdot s$ seine Querschnittsfläche. Die längs und gleichzeitig quer auftretenden Schubspannungen $\tau$ verlaufen, wie aus der elementaren Biegetheorie bekannt, gemäß

$$\frac{\mathrm{d}\tau}{\mathrm{d}y_1} = -\frac{\mathrm{d}\sigma_1}{\mathrm{d}l} \quad \text{bzw.} \quad \frac{\mathrm{d}\tau}{\mathrm{d}y_2} = -\frac{\mathrm{d}\sigma_2}{\mathrm{d}l}.$$ Sie sind somit gleich Null, wenn das Biegemoment und die Temperatur längs des Bimetalls konstant sind. Ansonsten sind sie parabolisch über jeden Teilstreifen verteilt, wobei sie naturgemäß an den Streifenrändern verschwinden, s. Abb. 126. Als Folge einer Querkraft entsteht eine maximale Schubspannung (und zwar in der Trennschicht), die $\frac{3}{2}$mal so groß als der Mittelwert $Q/F$ ist, also keine praktische Bedeutung hat, ebenso wie die Schubspannung, die in der Trennschicht bei ungleicher Temperatur längs des Streifens entsteht. Diese Schubspannung ist $\tau_0 = \dfrac{EKs}{24} \cdot \dfrac{\mathrm{d}\vartheta}{\mathrm{d}l}$.

Der Spannungszustand infolge Temperaturänderungen ist in Gegend freier Enden gestört, denn dort können die den Spannungen $\sigma$ nach Abb. 126 entsprechenden, ein Gleichgewichtssystem bildenden Kräfte nicht auftreten. Um die Spannungen an den Endflächen zum Verschwinden zu bringen, denkt man sich ein Gegensystem, also ebenfalls ein Gleichgewichtssystem, von Kräften aufgebracht. Die dadurch in der Umgebung entstehenden Spannungen sind aber nach dem Prinzip von DE SAINT VENANT nur auf eine Streifenlänge etwa gleich der Streifendicke beschränkt. Dies ist somit etwa der Bereich der Spannungsstörung.

Die Deformation eines ganzen Bimetallstreifens unter Einwirkung von Biegemoment wurde vorhin auf die elementare Behandlung der Biegung zurückgeführt. Der Verdrehwinkel $\varphi$ des Endes gegenüber dem Anfang eines Streifens mit bekannter Verteilung von $\vartheta$, Abb. 127, ergibt sich mit Gl. (4) zu

$$\varphi = \int_0^l \mathrm{d}\varphi = \frac{K}{s}\int_0^l \vartheta\,\mathrm{d}l = \frac{K}{s}\,l\,\vartheta_m, \tag{6}$$

wenn $\vartheta_m$ die über die Streifenlänge gemittelte Temperaturänderung ist. Um noch die Lage des Drehpunktes $O$ dieser Verdrehung zu finden, denkt man sich den Anfang des Streifens festgehalten und daß sich zunächst nur *ein* Längenelement desselben krümmt, dessen Lage durch den vom Streifenende ausgehenden Zeiger $\mathfrak{r}$ angegeben wird. Es wandert dann das Streifenende senkrecht zu $\mathfrak{r}$, also in Richtung $j\mathfrak{r}$ um $\mathrm{d}\mathfrak{w} = j\mathfrak{r}\,\mathrm{d}\varphi = j\mathfrak{r}\dfrac{\mathrm{d}\varphi}{\mathrm{d}l}\,\mathrm{d}l$ aus, also mit Gl. (4) um $\mathrm{d}\mathfrak{w} = j\dfrac{K}{s}\mathfrak{r}\vartheta\,\mathrm{d}l$. Die gesamte Auswanderung ist $\mathfrak{w} = j\dfrac{K}{s}\displaystyle\int_0^l \mathfrak{r}\vartheta\,\mathrm{d}l$. Man denkt sich den Streifen je Längeneinheit mit der Masse $\vartheta$ behaftet. Dann ist der Zeiger $\mathfrak{r}_s$ von Streifenende bis zum Schwerpunkt $S$ des so belegten Streifens durch $\mathfrak{r}_s\displaystyle\int_0^l \vartheta\,\mathrm{d}l = \int_0^l \mathfrak{r}\vartheta\,\mathrm{d}l$ bestimmt.

Daher kann man schreiben

$$\mathfrak{w} = j\mathfrak{r}_s \frac{K}{s} \int\limits_0^l \vartheta\, \mathrm{d}l \quad \left( = j\mathfrak{r}_s \frac{K}{s}\, l\vartheta_m \right). \tag{7}$$

Die Auswanderung des Streifenendes steht somit senkrecht zur von ihm nach $S$ gezogenen Strecke! Mit Gl. (6) folgt $\mathfrak{w} = j\mathfrak{r}_s \varphi$, was offenbar bedeutet, daß $S$ der relative Drehpol des Streifenendes gegen den Streifenanfang und umgekehrt ist. Bei längs des Streifens konstantem $\vartheta$ fällt $S$ mit dem Schwerpunkt des Streifens selbst zusammen.

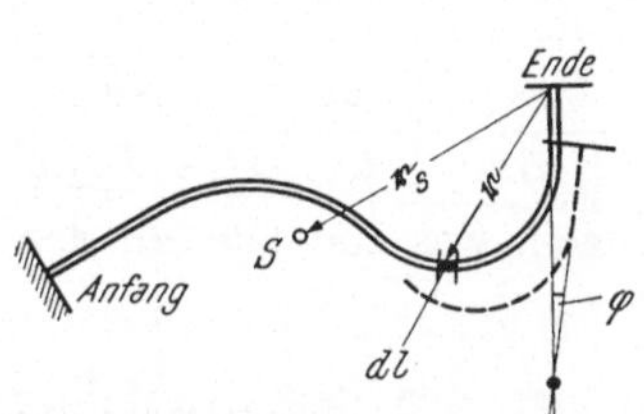


Abb. 127. Ermittlung der thermischen Deformation von Bimetallen

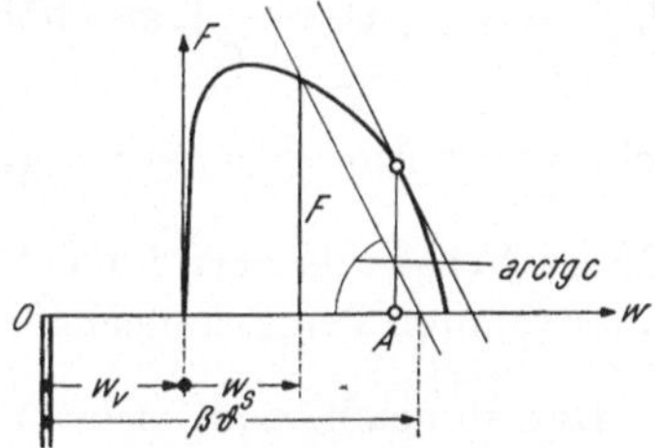


Abb. 128. Bestimmung der Auslöseerwärmung

In Abb. 128 ist $Ow$ die Wegrichtung des Bimetallendes, $O$ dessen Lage für $\vartheta = 0$. Senkrecht zur Wegrichtung ist der Kraftbedarf $F$ des Schaltschlosses aufgetragen, das ausgelöst werden soll. Bevor der Streifen überhaupt auf das Schaltschloß drückt, muß das Streifenende den Vorweg $w_v$ zurücklegen. Von da an sind die Abszissen $w_s$ der Schaltschloßcharakteristik gezählt. Der tatsächliche Weg $w = w_v + w_s$, den das Streifenende bis zur Erreichung des durch $w_s$ und $F$ gekennzeichneten Diagrammpunktes zurücklegt, ist der Weg des unbelasteten Streifen infolge von $\vartheta$, vermindert um die Rückbiegung des Streifens infolge seiner Belastung durch die Reaktion von $F$. Der erste Weganteil ist $\vartheta$ proportional, Proportionalitätsfaktor sei $\beta$, der zweite ist $F/c$, wenn $c$ die Steifigkeit des Streifens unter Belastung seines Endes ist. Somit gilt $w_s + w_v = \beta\vartheta - F/c$, woraus $\beta\vartheta = w_v + w_s + F/c$. Damit erklärt sich die in Abb. 128 gezeigte Konstruktion des ideellen, $\vartheta$ proportionalen Weges $\beta\vartheta$. Auslösen findet bei Erreichen von Punkt $A$ des Diagramms statt, denn nur im Bereich von $O$ bis $A$ entsprechen steigenden Wegen auch steigende Temperaturen. Bei Erreichen von $A$ entspannt sich der Streifen plötzlich. Aus der Gleichung für $\beta\vartheta$ ist zu ersehen, daß die Auslösetemperatur und damit die Grenzstromstärke durch den Vorweg $w_v$ veränderbar sind und vom Kraftbedarf des Schaltschlosses, also auch der Reibung, abhängen. Um das letztere zu beschränken, muß man steife Bimetalle und große Vorwege ausführen. Beides zusammen führt auf die Wahl hoher Auslöseerwärmungen, breiter, aber dünner Streifen und Beschränkung des Einstellbereichs. Breite Streifen sind zu unterteilen. Auf das gleiche läuft es hinaus, die Kraft $F$ von mehreren Streifen gemeinsam aufbringen zu lassen. Dieser Fall ist übrigens gegeben, wenn alle drei Bimetallauslöser eines Drehstromschaltgeräts Überstrom führen. Einfachheitshalber sei die Kraftcharakteristik des Schaltschlosses durch $F =$ konst. gekennzeichnet. Es wird jeder Streifen durch $F/3$ zurückgebogen. Die Auslöseerwärmung ist also $\vartheta_{III} = \dfrac{1}{\beta}\left(w_v + w_s + \dfrac{F}{3\,c}\right)$.

Die Auslöseerwärmung im Falle nur eine Phase Überstrom führt, ist

$$\vartheta_I = \frac{1}{\beta}\left(w_v + w_s + \frac{F}{c}\right),$$ also höher. Da sich die Grenzströme $I_g$ wie die Wurzeln aus den Auslöseerwärmungen verhalten, gilt $\dfrac{I_{gI}}{I_{gIII}} = \sqrt{\dfrac{w_v + w_s + F/c}{w_v + w_s + F/3\,c}}.$

Dieses Verhältnis darf 1 nicht zu sehr übersteigen, was ebenfalls zu den vorerwähnten Bemessungsmaßnahmen führt.

Das Bimetall kann beheizt werden, indem man den den Schützling durchfließenden Strom hindurchleitet. Dabei verbreitete Formen zeigt die Abb. 129a. Die direkte Beheizung ist nur für einen Bereich mittlerer Stromstärken geeignet; für kleine Stromstärken wird das Bimetall indirekt beheizt, wie Abb. 129b zeigt; über eine wärmefeste, isolierende Umhüllung (Glimmer, Glasseide) ist eine Heizwicklung aufgebracht, die von demselben Strom wie der Schützling durchflossen ist. Bei starken Wechselströmen wird das Bimetall durch den Sekundärstrom eines Stromwandlers geheizt.

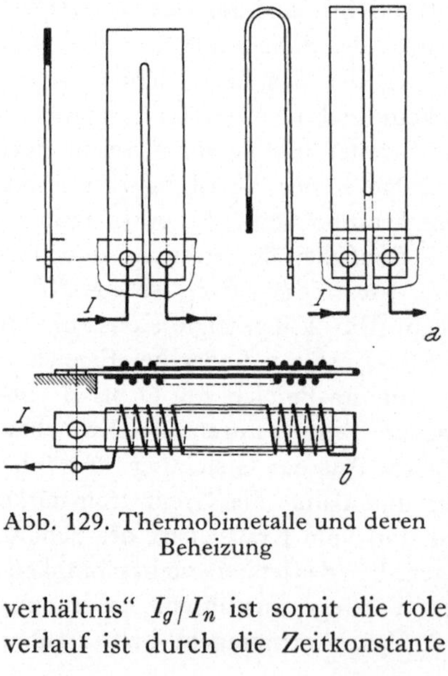

Die praktische Eignung eines Bimetallauslösers für eine vorliegende Aufgabe wird an Hand der Auslösekennlinie beurteilt. Eine solche zeigt als Funktion der Stromstärke $I$ die ab deren Eintreten bis zum Auslösen verstreichende Zeit $t$. Für jede dauernde Vorbelastungs-Stromstärke $I_v$ ergibt sich eine eigene Kurve. Die Ströme sind meist ins Verhältnis zum Nennstrom $I_n$ des Schützlings gesetzt. Von ihm wird angenommen, daß er auch dauernd etwas überlastet werden darf, also $I_g > I_n$. Das „Grenzstromverhältnis" $I_g/I_n$ ist somit die tolerierte Überlastung. Der Erwärmungsverlauf ist durch die Zeitkonstante $\tau$ gekennzeichnet. Es ist Gl. 1 A (3)

Abb. 129. Thermobimetalle und deren Beheizung

anzuwenden mit $\vartheta \approx I_g{}^2$, $\vartheta_B \approx I^2$, $\vartheta_0 \approx I_v{}^2$. Dann ergibt sich $t = \tau \ln \dfrac{I^2 - I_v{}^2}{I^2 - I_g{}^2}$ oder dimensionslos

$$\frac{t}{\tau} = \ln \frac{(I/I_n)^2 - (I_v/I_n)^2}{(I/I_n)^2 - (I_g/I_n)^2}. \tag{8}$$

$I_v/I_n$ heißt das Vorbelastungsverhältnis. Natürlicherweise muß Gl. (8) ergeben $t = \infty$ für $I = I_g$ und $t = 0$ für $I_v = I_g$. Nach Gl. (8) berechnete

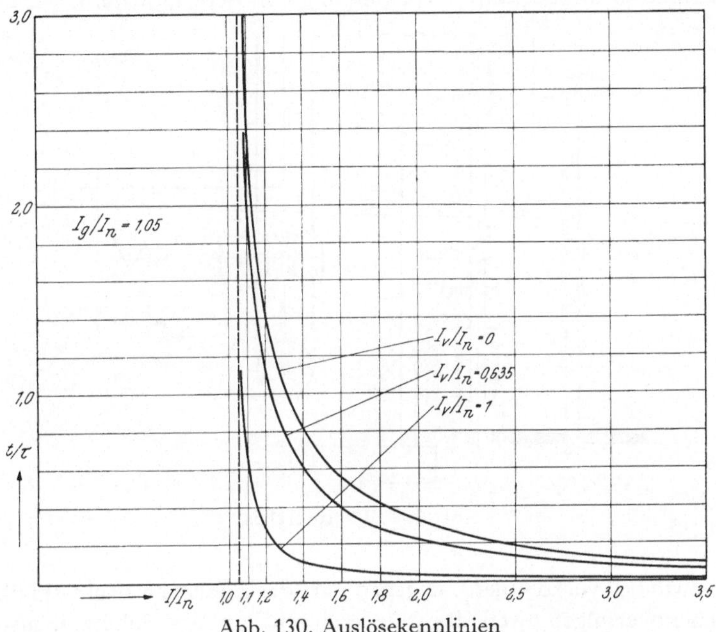


Abb. 130. Auslösekennlinien

Auslösekennlinien zeigt die Abb. 130. Gemessene Kennlinien weichen davon mehr oder weniger ab.

Aus vorhin genannten Gründen soll die Auslösetemperatur der Bimetalle hoch gewählt werden. Dadurch werden sie bzw. ihre Heizwicklung zu den hinsichtlich Kurzschluß thermisch schwächsten Gliedern der Strombahn. Dementsprechend sind die Kurzschlußauslöser tief genug einzustellen oder die vorgeschalteten Sicherungen auszuwählen.

## C. Thermorelais

Wird ein Motor oder dergleichen nicht durch einen verklinkten Schalter, sondern durch ein Schütz vor Überlastung geschützt (Schützen ein so hohes Schaltvermögen zu geben, daß sie auch als Kurzschlußschutz dienen, ist unwirtschaftlich), dann werden meist (neben anderen Möglichkeiten) auch hier vom Strom des Schützlings beheizte Thermobimetalle herangezogen, mit dem Unterschied, daß nicht das Schaltschloß zu betätigen, sondern der Stromkreis der Schützspule zu unterbrechen ist. Auf diesen Fall ist der Inhalt des vorhergehenden Abschnitts sinngemäß übertragbar. Außerdem ist das Folgende zu beachten.

Thermorelais müssen für momentanes Öffnen eingerichtet sein (z. B. durch Entklinken oder durch Verwendung von Schnappfedern, wie sie bei

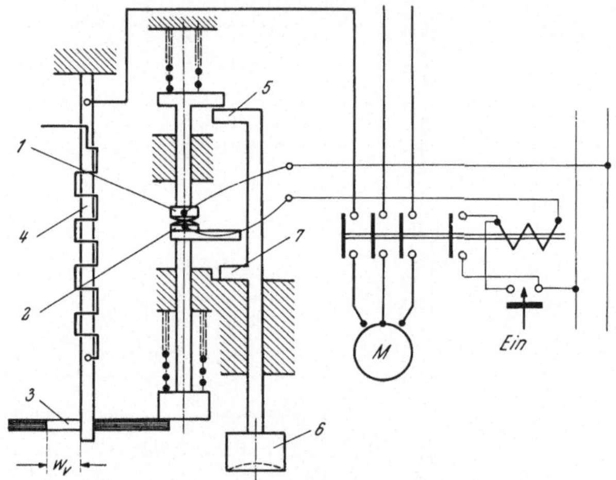

Abb. 131. Thermorelais

Micro-switches vorkommen), dagegen darf das Schließen nach Abkühlung schleichend erfolgen, weil das Wiedereinschalten des Schützes, also der Stromschluß seines Spulenkreises, durch eine Bedienungshandlung zu geschehen hat. Dies erfordert eine Besonderheit, wenn der Befehlsschalter für das Einschalten des Schützes keine Taste (Druckknopf) ist, sondern Dauerkontakt gibt. Dann darf nicht die Abkühlung des Bimetalls den Relaiskontakt schließen, sondern diese ist nur Voraussetzung dafür, daß er durch Betätigen eines am Relais angebrachten Rückstellknopfes geschlossen werden kann.

Eine sinnreiche derartige Einrichtung ist schematisch in Abb. 131 dargestellt. Beide Schaltstücke *1* und *2* des Relaiskontakts sind hier beweglich gemacht. Auf das das Schaltstück *2* verklinkende geradegeführte Lineal *3* wirken die Bimetalle *4* aller drei Phasen, von denen jedoch nur eines gezeichnet ist. Im Falle der Lösung der Verklinkung macht das Schaltstück *1* nur den geringen Weg des Kontaktdurchdrucks gegen den Anschlag *5* des Rückstellknopfes *6*, das Schaltstück *2* aber einen größeren gegen den Anschlag *7* des Rückstellknopfes; d. h. der Kontakt hat geöffnet und bleibt so auch bei Betätigung von *6*. Erst wenn Lineal *3* infolge Abkühlung der Bimetalle wieder in Verklinkungslage gelangen kann, schließt der Kontakt, und zwar wenn Knopf *6* nach Betätigung wieder losgelassen wird. Die Einstellbarkeit des Vorweges $w_v$ ist in der Zeichnung weggelassen. Die beschriebene Einrichtung kann auch bei Betätigung des Schützes durch Tasten angewendet werden, wenn man in Kauf nimmt, daß nach einer Auslösung sowohl das Thermorelais rückgestellt als auch die „Ein"-Taste betätigt werden muß. Man bemerkt, daß der Rückstellknopf die Funktion der „Aus"-Taste übernehmen kann.

Gewöhnlich arbeitet ein Thermorelais in Verbindung mit einem tastenbetätigten Schütz aber so, daß die Bewegung der Bimetalle beim Abkühlen

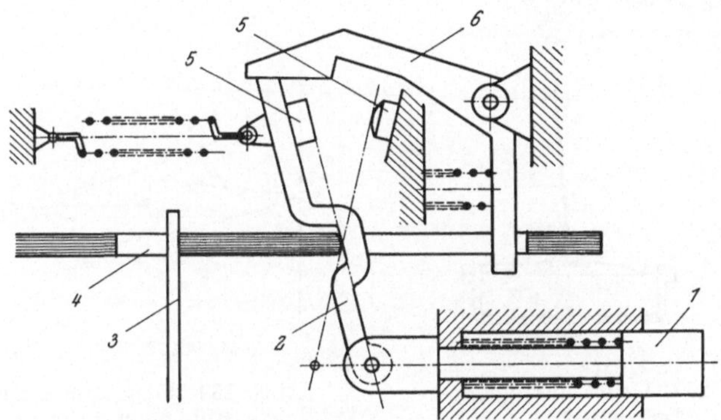

Abb. 132. Thermorelais mit Rückstellung

den Kontakt schließt, der dann verklinkt, und daß am Ende der entgegengesetzten Bimetallbewegung diese die Verklinkung löst. Eine geringe Abänderung läßt aus dieser Stammform ein Relais mit Rückstellknopf entstehen, s. Abb. 132. Gezeichnet ist der abgekühlte Zustand nach einer Auslösung und vor der Rückstellung. Wenn nunmehr der Rückstellknopf betätigt wird, findet Hebel *2* an dem von den Bimetallen *3* beeinflußten geradegeführten Lineal *4* ein Widerlager, so daß Kontakt *5* geschlossen wird und sich mittels Klinke *6* verklinkt. Erhitzen sich die Bimetalle, nehmen sie Lineal *4* nach links mit, wodurch Klinke *6* gelöst wird und Kontakt *5* öffnet. Das Wiederschließen ist an die Abkühlung und an die Betätigung von *1* gebunden. Die nötige Federung eines der beiden Schaltstücke ist in der Abb. 132 weggelassen.

# V. Durch physikalische Größen gesteuerte Schalter

Es handelt sich hier um Schalter, die bei einem bestimmten Wert von Gas- oder Flüssigkeitsdruck, Winkelgeschwindigkeit, Temperatur, Strom usw. ein-, bei einem anderen bestimmten Wert ausschalten. Dabei muß

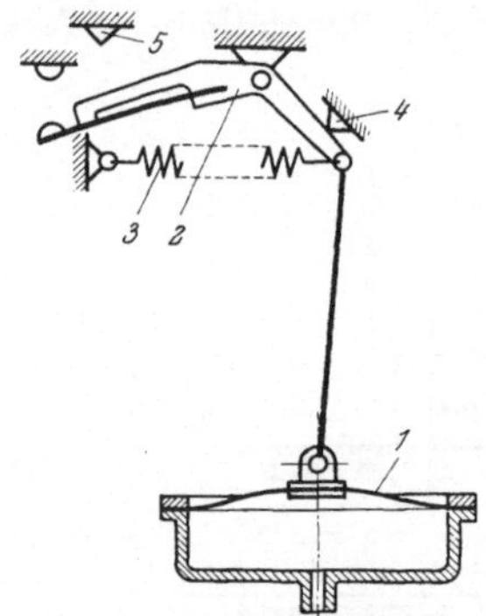

Abb. 133. Druckabhängiger Schalter

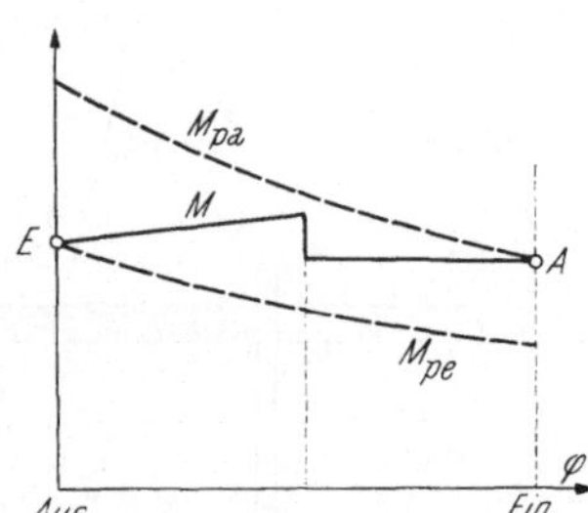



Abb. 134. Diagramme zum druckabhängigen Schalter

das Ein- und das Ausschalten auch bei langsamster Veränderung der steuernden Größe zügig gehen. Die folgenden Überlegungen über Druckschalter sind typisch auch für von anderen Größen gesteuerte Schalter.

Soll ein Schalter bei einem oberen Druck ausschalten und bei einem tieferen einschalten, wird man, s. Abb. 133, die Kraft des Druckes auf eine Membran *1* ausschaltend auf den drehbaren Schaltarm *2* und die Kraft einer Feder *3* einschaltend wirken lassen. In Abb. 134 sind in Abhängigkeit vom Drehwinkel $\varphi$ des Schaltarms die auf ihn ausgeübten Drehmomente aufgetragen, und zwar 1. das Drehmoment $M$, herrührend von der Feder *3* und von der Kontaktkraft. Der Sprung in der Kurve rührt davon her, daß die das bewegliche Schaltstück tragende Blattfeder vorgespannt ist; 2. das Drehmoment $M_p$, herrührend von dem Überdruck $p$ unter der Membran. Mit $p$ als Parameter ergibt sich eine ganze Kurvenschar. Für gleiche Drehwinkel stehen die Ordinaten der Kurven der Schar im Verhältnis der Drücke. In Abb. 133 ist der Schalter offen, Anschlag *4* liegt mit einer gewissen Kraft an. Sie sinkt mit abnehmendem Druck und verschwindet bei einem gewissen Druck $p_e$. Die $p_e$ entsprechende Kurve $M_{pe}$ geht durch den Punkt $E$ des Diagramms. Schon die kleinste Unterschreitung von $p_e$ läßt einen Drehmomentüberschuß im Sinn des Einschaltens entstehen. Dieses geschieht zügig, wenn die für $p = p_e$ gezeichnete Kurve $M_{pe}$ von „Aus" bis „Ein" unterhalb der Kurve $M$ verläuft. Der in Stellung „Ein" vorhandene Drehmomentüberschuß im Einschaltsinn belastet Anschlag $5$ mit einer gewissen Kraft. Sie sinkt mit zunehmendem Druck und verschwindet bei einem gewissen Druck $p_a$; die ihm entsprechende Kurve $M_{pa}$ geht durch Punkt $A$ des Diagramms. Schon die kleinste Überschreitung von $p_a$ löst einen Drehmomentüberschuß im Sinn des Ausschaltens aus. Dieses geschieht zügig, wenn die für $p = p_a$ gezeichnete Kurve $M_{pa}$ von „Ein" bis „Aus" oberhalb der Kurve $M$ verläuft. Das wie vor festgelegte Verhältnis der Kurve $M$ zu den für $p = p_e$ und $p = p_a$ gezeichneten Kurven $M_p$ hat offenbar erfordert, daß entweder das Drehmoment der Feder trotz Entspannens steigt oder daß das Drehmoment auf den Schaltarm bei konstanter Kraft auf die Membran bei Bewegung im Sinn des Überdrucks anwächst oder daß beide Merkmale zugleich zutreffen. Man sieht bei Betrachtung der maßgebenden Hebelarme in Abb. 133, daß dort das letztere erfüllt ist. Die Differenz zwischen dem Ausschaltdruck $p_a$ und dem Einschaltdruck $p_e$ heißt die Umkehrspanne.

Die relative Umkehrspanne ist $u = \dfrac{p_a - p_e}{(p_a + p_e)/2} = 2 \dfrac{p_a - p_e}{p_a + p_e}$.

Hinderlich für die Verkleinerung der Umkehrspanne ist der Sprung in der $M$-Kurve in Abb. 134. Er ist proportional der Kontaktkraft bei der ersten Berührung der Schaltstücke. Diese Kraft muß man daher, soweit es das Kontaktprellen zuläßt, klein halten, d. h. eine weniger vorgespannte, aber härtere Kontaktfeder anwenden. Will man bei konstanter Kontaktkraft die relative Umkehrspanne verkleinern, muß man mit größeren Membran- und daher auch größeren Federkräften arbeiten.

Infolge der Reibung im Mechanismus erhöht sich $p_a$ um $\varrho \dfrac{p_a + p_e}{2}$ und erniedrigt sich $p_e$ um den gleichen Betrag, wobei der Faktor $\varrho$ den Reibungseinfluß ausdrückt. Mit Reibung ist daher die relative Umkehrspanne

$$u_R = 2 \frac{p_a + \varrho(p_a + p_e)/2 - p_e + \varrho(p_a + p_e)/2}{p_a + p_e} = u + 2\varrho.$$

Man erkennt daraus, daß zur Erreichung einer einigermaßen kleinen relativen Umkehrspanne der Mechanismus praktisch reibungsfrei zu sein hat. Daher vermeidet man bei durch physikalische Größen gesteuerten Schaltern Gleitkontakte, verwendet Membranen statt Kolben, führt Gelenke als Pfanne und Schneide aus, ruft starke Übersetzungswechsel mittels drehbarer Kurvenscheiben hervor, auf welche sich dünne Metallbänder auf- und abwickeln, usw.

Eine zu einem zwischen $p_a$ und $p_e$ liegenden Druck gehörende $M_p$-Kurve schneidet die $M$-Kurve in einem stabilen Schnittpunkt. Praktisch kann es aber zu keiner dauernden Zwischenstellung kommen, denn das würde voraussetzen, daß z. B. während der kurzen Dauer der Einschaltbewegung der Druck merkbar ansteigt.

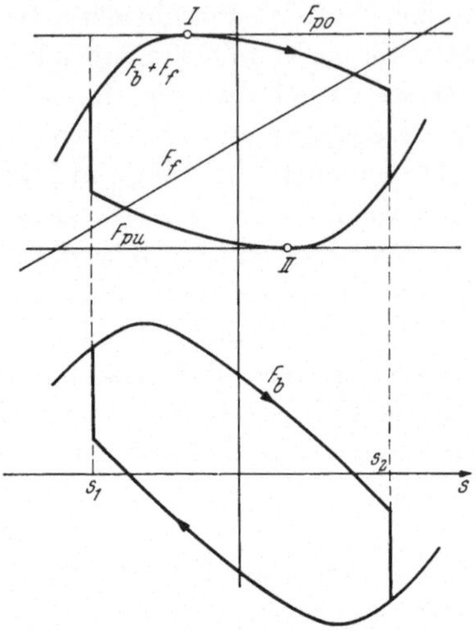

Wenn man von einer Membran aus, welche durch eine Gegenfeder belastet ist, einen der in Abschn. III D behandelten Momentschaltmechanismen antreibt, erhält man einen brauchbaren Druckschalter. Charakteristisch z. B. für den Verlauf der Betätigungskraft $F_b$ über dem Weg $s$ beim Kippschaltermechanismus nach Abb. 112 ist das Diagramm Abb. 135. Bei den Wegen $s_1$ bzw. $s_2$ wird umgeschaltet. Die Kraft $F_f$ zur Überwindung der Gegenfeder verläuft linear mit $s$. Das Diagramm zeigt außerdem die Summe $F_b + F_f$. Die Druckkraft $F_p$ auf die Membran ist annähernd (wie bei einem Kolben) von $s$ unabhängig und $p$ proportional. Für jeden Wert von $p$ zeigt

Abb. 135. Druckschalter-Charakteristiken

sich daher $F_p$ als eine Parallele zur $s$-Achse. Die Diagrammpunkte $I$ und $II$ kennzeichnen labile Gleichgewichtszustände und damit auch die beiden Schaltdrücke. Wie die Verhältnisse in Abb. 135 liegen, nämlich bei relativ weicher Gegenfeder, werden Membran und Kurbel $1$ (Abb. 112) wesentlich früher labil als Kurbel $3$. Deren Anschläge dürfen dann einfach als die Kontakte ausgebildet werden.

# VI. Stromunterbrechung

## A. Gleichstrom, Allgemeines

Charakteristische Größen beim Unterbrechen von Strömen sind die Stromstärke $I_0$ im Öffnungsaugenblick und die Wiederkehrspannung $U_w$. Sie ist die nach der endgültigen Stromunterbrechung und dem Abklingen eventueller Ausgleichsvorgänge an den Schaltstücken auftretende Spannung. In der Regel entsteht beim Öffnen des Schalters ein Lichtbogen; nur wenn $U_w$ unter den Werten einer Funktion $U = U(I_0)$ liegt, kommt es lediglich zu Funken. Zum Beispiel in atmosphärischer Luft und bei $I_0 > 10$ A ist $U = 13 \ldots. 23$ V, bei $I_0 = 3$ A ist $U = 14 \ldots. 29$ V, abhängig vom Elektrodenmaterial (wichtig für Anlasser und Regler).

Die Spannung $U_b$ zwischen den Fußpunkten eines stationären Lichtbogens (Kennzeichen unveränderliche Fußpunkte, Länge und Form), aufgetragen über dem Lichtbogenstrom $I$, ergibt eine fallende Charakteristik, s. Abb. 136a. Dies ist ein bemerkenswerter Gegensatz zur metallischen Leitung des Stromes. Je länger der Bogen ist, um so höher liegt die Charakteristik. Bewegt sich der Bogen gegenüber dem umgebenden Medium, wandern seine Fußpunkte, verlängert er sich, so hat er infolge höheren Wärmeentzuges bzw. höheren Energiebedarfes eine höhere Brennspannung als der stationäre Bogen gleichen Stromes und gleicher momentanen Länge

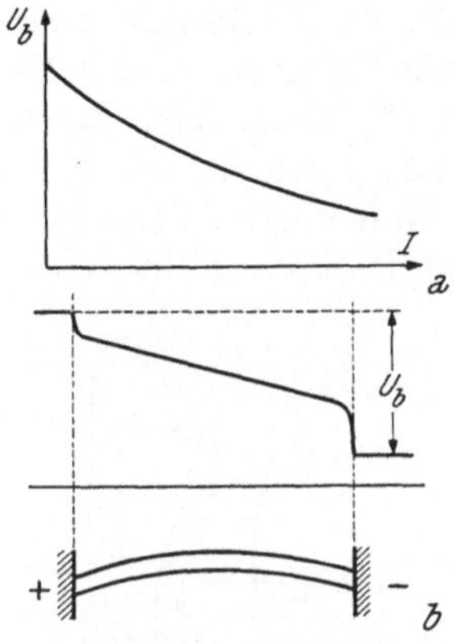

Abb. 136. Stationärer Lichtbogen; Charakteristik, Potentialverlauf

und Form. Die Potentialverteilung, aufgetragen über die Bogenlänge, gibt das Bild von Abb. 136b. Nahe an den Elektroden sind die Potentialabfälle fast unstetig und weitgehend vom Strom unabhängig. Es beträgt der Kathodenfall in atmosphärischer Luft etwa 10 V, der Anodenfall weniger. In der eigentlichen Bogensäule ist der Potentialabfall ziemlich linear.

Die Lichtbögen in Schaltgeräten brennen niemals stationär. Dies ist besonders für das Unterbrechen von Gleichstrom wichtig, weil hier Bögen mit hoher Brennspannung unumgänglich sind. Aber auch hier werden die Schaltstücke verhältnismäßig nur wenig voneinander getrennt, die große Bogenlänge entsteht durch das Wandern der Fußpunkte auf divergierenden Lichtbogenhörnern, auch Elektroden genannt, und durch die Ausbauchung des Bogens. Beides geschieht durch den Wärmeauftrieb (falls die Lage eine entsprechende ist) und durch die elektrodynamische Wirkung der Stromschleife auf sich selbst, oft noch unterstützt durch ein Magnetfeld mit Kraftlinien, die den Lichtbogen senkrecht kreuzen. Das Blasfeld wird durch eine Spule erzeugt, durch welche der über den Schalter gehende Strom fließt. Man gibt dem Blasfeld einen möglichst geschlossenen Eisenpfad. Bei gleicher Blasfeldstärke und gleichem Bogenstrom wird ein kurzer Bogen langsamer getrieben als ein langer. Auch das Elektrodenmaterial ist von Einfluß; z. B. laufen die Fußpunkte auf Kupfer schneller als auf Eisen.

Wegen der Prellgefahr muß oft das dem beweglichen Schaltstück zugeordnete Horn davon abgetrennt sein. Es kann sowohl an dem Schaltarm, Abb. 137, als auch fest angebracht sein. Jedenfalls ist es elektrisch mit dem beweglichen Schaltstück zu verbinden (zu „polen"), damit der ursprünglich am beweglichen Schaltstück entstandene Lichtbogen leicht auf das zugehörige Horn übertritt und damit anschließend vom beweglichen Schaltstück überhaupt kein Bogen ausgeht. Bei kleinen Strömen sind ansehnliche Blasfeldstärken für das Übertreten nötig! Es gibt übrigens Anordnungen (BBC), welche ohne wesentliche Vermehrung der reduzierten Schaltstückmasse gestatten, das bewegliche Schaltstück sich mit dem zugehörigen Horn bewegen zu lassen, s. Abb. 138. Hier*) erstreckt sich das Horn gegen den Drehpunkt des beweglichen Schaltstücks hin. Beide Hörner geben

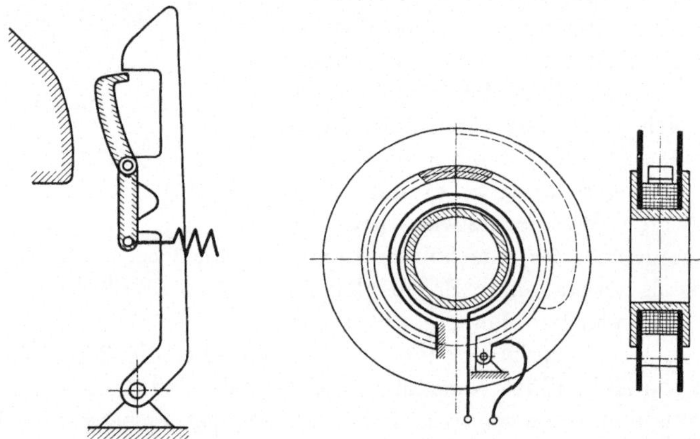

Abb. 137. Lichtbogenhorn auf dem
Schaltarm

Abb. 138. Gleichstrom-Schaltgerät

zusammen die Form eines Kreises, in dessen Innerem die Blasspule und ihr rohrförmiger Eisenkern gelegen sind. Flanschförmige Polplatten konzentrieren das Blasfeld in der Gegen der Außenbegrenzung der Hörner, und dadurch wandern die Lichtbogen-Fußpunkte rasch.

Abgesehen von z. B. den auf Masten angeordneten Hörnerschaltern, die nicht mehr als etwa den Leerlaufstrom kleinerer Transformatoren abschalten können, ist der Lichtbogen mehr oder weniger isolierend eingeschlossen, schon um Überschläge gegen andere Phasen oder gegen Erde zu vermeiden. Hierher gehört auch das Schalten unter Isolieröl, wobei zusätzlich bei Hochspannungs-Leistungsschaltern der Lichtbogen in einer ölgefüllten „Löschkammer" brennt. In ihr entstehen hohe Drücke, weshalb nur rotationssymmetrische Kammern angewendet werden. Bei Niederspannungs-Schaltgeräten kleiner Leistung bilden fixe Konstruktionsteile der Geräte Kammern oder Trennwände für die Lichtbögen. Als Werkstoff erweisen sich hier manche Kunstharze als genügend lichtbogenfest. Bei größerer Schaltleistung sieht man eigene leicht wegnehmbare oder auf-

---

*) Siehe auch Abb. 145!

klappbare Lichtbogenkammern vor, um die Schaltstücke bequem revidieren oder auswechseln zu können. Hier ist das Material meist Keramik oder Asbestzementschiefer, das „Eternit". Dieses Material ist in Platten verschiedener Stärke im Handel und ermöglicht daher, ohne oft unrentable Preßformen (Eternit läßt sich auch verpressen), Lichtbogenkammern durch Zusammennieten (Rohrniete aus Kupfer) herzustellen. Zu beachten ist, daß Asbestzementschiefer hygroskopisch ist und nicht dauernd höheren Spannungen ausgesetzt werden darf. Die Halterung der Lichtbogenkammern aus Eternit soll daher von den Schalterpolen und von Erde isolierend sein (also z. B. das Blaseisen, welches häufig die Lichtbogenkammer trägt oder ihr anliegt). Für Lichtbogenkammern, in welchen mit den Schaltstücken gepolte Lichtbogenhörner befestigt sind, ist Eternit im allgemeinen ungeeignet. Gerade solche Anordnungen vermeiden aber, wenn die Hörner die ganze Kammerbreite ausfüllen, am sichersten, daß die Bogenfußpunkte statt auf der richtigen Seite zu bleiben, auf seitliche oder gegenüberliegende Flächen übergehen, wodurch die Maßnahmen zur Löschung unwirksam werden. In der Lichtbogenkammer befestigte Hörner müssen ihre Polung einfach und verläßlich durch Aufsetzen der Kammer erhalten, und beim Wegnehmen der Kammer sollen keine Stromverbindungen besonders zu lösen sein. Die vorgesehenen Kontakte sind nur ganz kurz belastet und können sparsamst bemessen sein.

Oft ist der Raum für eine auf Dauerbelastung bemessene Blasspule zu knapp oder sind die Kosten dafür zu hoch. Man gibt dann dem Schalter, s. Abb. 139, einen Hauptkontakt, Schaltstücke *1* und *2*, und einen Vorkontakt, Schaltstücke *3* und *4*. Zwischen den Festschaltstücken der beiden Kontakte liegt die Blasspule *5*. Da der Strom vom Festschaltstück des Hauptkontaktes abgeleitet wird und bei ganz geschlossenem Schalter beide Kontakte geschlossen sind, sind dabei Blasspule und Vorkontakt kurzgeschlossen und stromlos. Zuerst öffnet der Hauptkontakt, anschließend geht

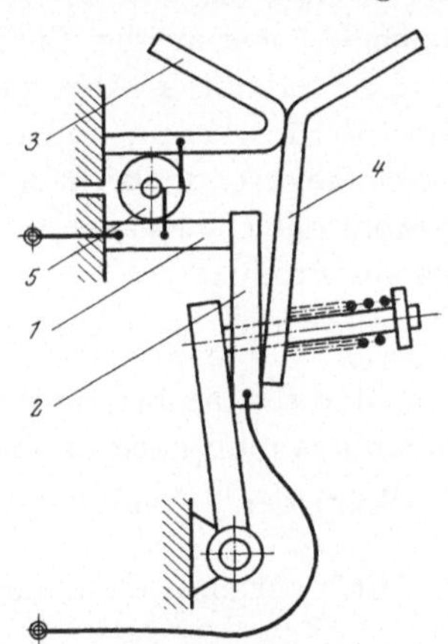

Abb. 139. Schalter mit Haupt- und Vorkontakt

daher der Strom durch die Blasspule und den Vorkontakt, das Blasfeld entsteht und beeinflußt den beim darauffolgenden Öffnen des Vorkontaktes entstehenden Lichtbogen. Am Hauptkontakt entsteht nur ein untergeordneter Lichtbogen, und zwar kommt er durch die Selbstinduktion der Blasspule zustande.

In einem Stromkreis wirken konstante EMKe mit der algebraischen Summe $E_k$, fallweise eine EMK, welche vom Strom $I$ abhängt, $E(I)$, und bei Stromänderungen, wie etwa beim Abschaltvorgang, die EMK der Selbstinduktion, $-L \cdot \mathrm{d}I/\mathrm{d}t$, wenn $L$ der Selbstinduktionskoeffizient des Kreises ist; $R$ sei dessen ohmscher Widerstand und $U_b$ die Brennspannung des Schalterlichtbogens. Dann gilt

$$RI + U_b = E_k + E(I) - L\frac{\mathrm{d}I}{\mathrm{d}t}. \tag{1}$$

Daraus folgt

$$\frac{\mathrm{d}I}{\mathrm{d}t} = (E_k + E(I) - RI - U_b)/L. \tag{2}$$

Soll der Strom unterbrochen werden, muß sein $\dfrac{\mathrm{d}I}{\mathrm{d}t} < 0$ für alle Werte des Stromes von $I_0$ bis $I = 0$. In diesem Bereich muß also gemäß Gl. (2) die Bogenspannung stets höher sein als eine Funktion $e(I)$ des Stromes:

$$U_b > E_k + E(I) - RI = e(I). \tag{3}$$

Bei geschlossenem Schalter ist in Gl. (1) zu setzen $U_b = 0$, $\mathrm{d}I/\mathrm{d}t = 0$, also ist $E_k + E(I_0) - RI_0 = 0$. Durch Vergleich mit Gl. (3) ergibt sich also, daß die Kurve $e = e(I)$ auf der $I$-Achse den Strom $I_0$ abschneidet. Analog ergibt sich, daß die Kurve $e = e(I)$ auf der $E$-Achse die Wiederkehrspannung $U_w$ abschneidet. Sie ist $U_w = E_k + E(I = 0) = e(I = 0)$. Zwischen $U_w$ und $I_0$ verläuft, s. Abb. 140, die Funktion $e(I)$. Die Brennspannung muß stets darüberliegen, und es ist verständlich, daß die erforderliche Lichtbogenlänge und überhaupt der Aufwand für das Gleichstromschaltgerät sowohl mit $U_w$ als auch mit $I_0$ wächst und daher das die Schaltleistung genannte Produkt

$$P_s = U_w \cdot I_0 \tag{4}$$

ein Maß für die Beanspruchung bzw. Leistungsfähigkeit des Schalters ist; allerdings muß noch die Selbstinduktivität $L$ mit berücksichtigt werden.

Wäre der Schalterlichtbogen stationär und seine Charakteristik $U_b = U_b(I)$ bekannt, dann ließe sich aus der Beziehung $t = L\displaystyle\int_{I_0}^{0} \frac{\mathrm{d}I}{U_b(I) - e(I)}$, die aus Gl. (2) folgt, die Löschzeit $t$ bestimmen; sie wäre somit proportional $L$. Es ist verständlich, daß sich auch in Wirklichkeit der Löschvorgang bei größerem $L$ länger hinzieht. Dann sind unter Umständen die Lichtbogenfußpunkte schon an den Hörnerenden angelangt, der Bogen beginnt aus der Kammer herauszutreten, alle angewendeten Mittel zur Erhöhung der Brennspannung sind erschöpft, der Schalter löscht nicht. Man erkennt den erschwerenden Einfluß der Selbstinduktion.

Es sollen einige Abschaltfälle an Hand der Funktion $e(I)$ verglichen werden. Die Netzspannung $U$ vertritt praktisch eine konstante EMK.

1. Schalten von Heizkörpern, Öfen und dergleichen sowie stillstehenden Motoren. Diesen Fällen ist gemeinsam $E_k = U$, $E(I) = 0$. Somit ist $e(I) = U - R \cdot I$, $U_w = U$ und verläuft gemäß Abb. 141a, also relativ hoch. Bei Öfen und dergleichen ist aber $L$ sehr klein, so daß der Schalter dennoch eine leichte Aufgabe hat. Wegen des $L$ ist sie bei fremderregten oder Nebenschlußmotoren schwerer und bei Hauptstrommotoren schwer.

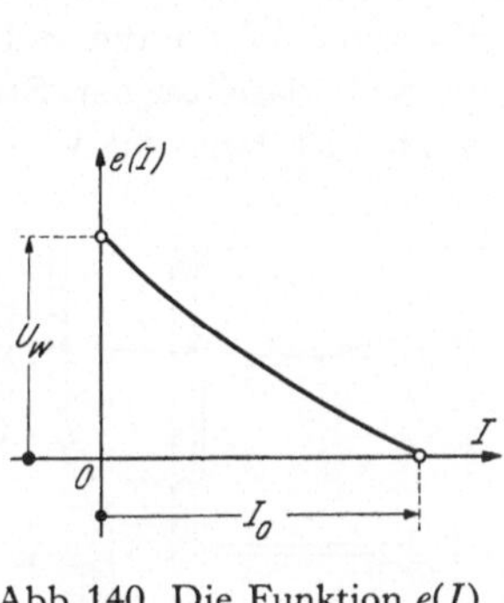

Abb. 140. Die Funktion $e(I)$

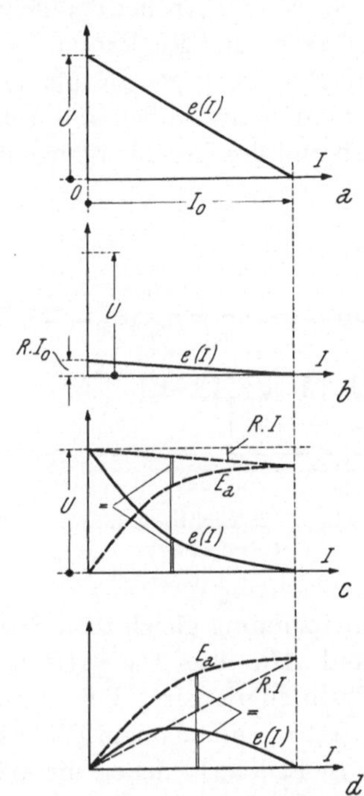

Abb. 141. $e(I)$ für verschiedene Abschaltfälle

2. Schalten von laufenden Motoren. Hier tritt die Gegen-EMK des Motorankers in Erscheinung, wobei während des Abschaltvorgangs seiner Kürze wegen die Drehzahl konstant angenommen wird. In diesem Sinn ist die Gegenspannung $E_a$ beim fremderregten und beim Nebenschlußmotor konstant und $E_k = U - E_a = R \cdot I_0$ und $e(I) = R \cdot (I_0 - I)$; da $U_w = R \cdot I_0$ nur wenige Prozent von $U$ beträgt, verläuft $e(I)$ niedrig, Abb. 141b, und da $L$ mäßig ist, hat der Schalter eine leichte Aufgabe. Beim Hauptstrommotor ist $E_a$ vom Strom $I$ abhängig, zählt also hier zu $E(I)$ und ist ein Bild der Magnetcharakteristik, Abb. 141c. Weiters ist $E_k = U$, so daß $e(I) = = U - E_a - R \cdot I$; für $I = 0$ ist $E_a = 0$, so daß $U_w = U$. Da außerdem $L$ sehr groß ist, ist der Schalter hoch beansprucht.

3. Öffnen eines Bremsstromkreises bei einer Reihenschlußmaschine. Bei diesem bei Gleichstromtriebfahrzeugen wichtigen Fall ist $E_k = 0$. $E(I)$ ist die Ankerspannung, die wieder ein Abbild der Magnetcharakteristik

ist, Abb. 141 d. Dort ist $e(I)$ konstruiert; $U_w = 0$. Immerhin ist aber $L$ sehr groß.

Die starke Wirbelstrombildung im massiven Eisen bewirkt bei Reihenschlußmaschinen, daß bei $I = 0$ noch eine nennenswerte Ankerspannung existiert. Dies erleichtert das Schalten beim Motor ($U_w < U$) und erschwert es beim Fall 3 ($U_w > 0$).

4. Abschalten bei Parallelwiderstand zum Schalter. Dieser Fall tritt bei Anlassern und Reglern auf, s. Abb. 142. Beim Übergang vom Ohmwert $R$ auf $R + \Delta R$ liegt $\Delta R$ parallel zum Schaltlichtbogen. Wenn die Selbstinduktion im Außenkreis sehr groß ist, ändert sich daselbst der Strom während des Löschvorgangs nur wenig; im Grenzfall ist daher die Wieder-

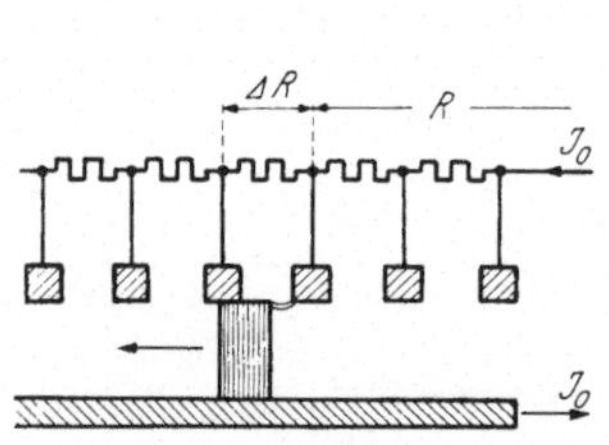

Abb. 142. Lichtbogen am Stufenschalter

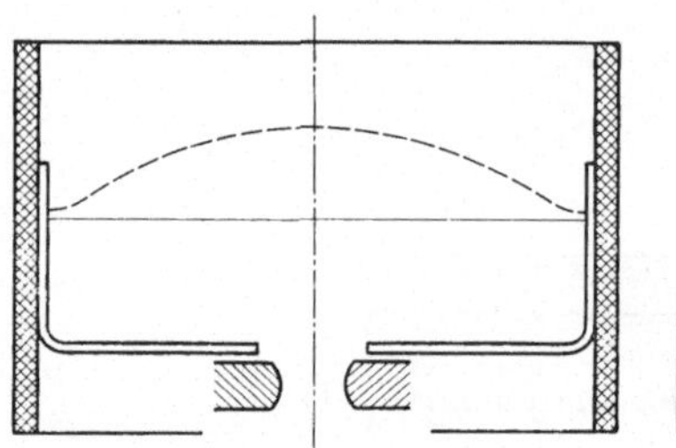

Abb. 143. Düsenkammer

kehrspannung gleich dem Spannungsabfall des Stromes $I_0$ an dem Widerstand $\Delta R$, also $U_w = \Delta R \cdot I_0$. Dabei ist die aufgetrennte Masche aber selbstinduktionsfrei. Bei sehr schneller Betätigung des Stufenschalters kann $I_0$ größer sein, als dem Widerstandswert $R$ entspricht!

In Fällen, in denen die Wiederkehrspannung gleich der Netzspannung ist und daher die Bogenspannung in und vor dem Löschaugenblick höher als die Netzspannung sein muß, ist somit eine Überspannung unvermeidlich. Ihre Höhe wird von der Eigenart des Schalters beeinflußt. Günstig sind Schalter mit Unterteilung des Lichtbogens in Teillichtbögen (Mehrfachunterbrechung, Löschbleche).

Gleichstromnetze mit hohen Kurzschlußströmen kann man gegen diese (außer durch stufenweises Abschalten mittels eines Widerstandes) nur durch Schnellschalter schützen. Der Strom steigt ab Eintritt eines Kurzschlusses exponentiell mit der Zeit an. Ein Schnellschalter erfaßt das Ansteigen des Stromes so schnell, beginnt seinen Kontakt so schnell zu öffnen und hat (durch Vermeidung von Wirbelstrombildung) eine so unverzögerte Blasung, daß der rasch nach Eintritt des Kurzschlusses entstehende Lichtbogen es gar nicht zur Ausbildung des vollen Stromes kommen läßt. Schaltschlösser sonst üblicher Bauart sind für Schnellschalter viel zu träge.

Ein Gleichstromschalter soll die nötige Brennspannung bei kleinster Bogenlänge erzielen und letztere bei kleinstem Raumbedarf verwirklichen. Die Bogenspannung wird erhöht durch

1. rasche Verlängerung des Bogens und rasche Wanderung der Fußpunkte. Zu diesem Zweck wird in deren Bereich das Blasfeld konzentriert (beispielsweise Abb. 138 und 145);

2. großflächige Berührung des rasch bewegten Bogens mit den Wänden der Lichtbogenkammer, beispielsweise bei der „Düsenkammer" nach Abb. 143. Im Bereich der Schaltstücke muß sich die Breite der Kammer

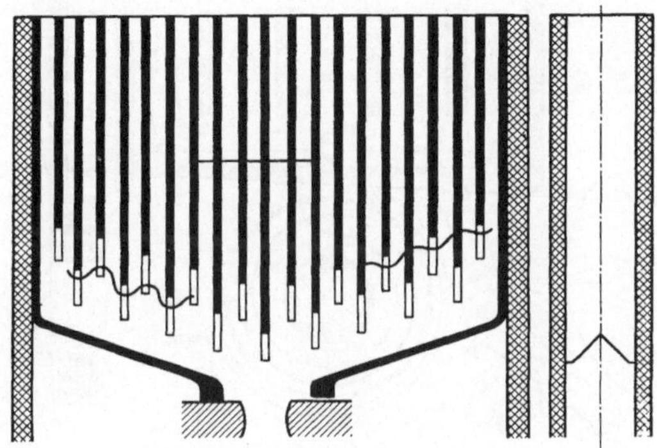

Abb. 144. Löschbleche

diesen anpassen, sie ist aber nach außen stark verengt. Der Bogen wird dadurch plattgedrückt und stark gekühlt;

3. Aufteilung in Teillichtbögen. Durch das dabei wiederholte Auftreten der Elektrodenfälle und die Vervielfachung des Kühleffekts wird bei gleicher gesamter Brennspannung die Summenlänge der Teillichtbögen kleiner als die Länge eines einheitlichen Bogens. Das Prinzip wird verwirklicht durch a) Mehrfachunterbrechung. Bei großen Strömen ist die Vervielfachung der Kontaktwärme ein Nachteil. Vorteilhaft ist der Entfall flexibler Strombänder; b) Löschbleche, auch Deionbleche genannt. Es sind dies ein Satz von parallelen dünnen Blechen, Abb. 144. Der Bogen brennt zunächst ununterteilt und gelangt anschließend, getrieben durch ein starkes Blasfeld, in die Zwischenräume der Bleche, brennt dort also unterteilt. Bemerkenswert ist, daß sich der Bogen seiner Unterteilung zu widersetzen scheint, indem er sich zunächst um die Blechenden ausbiegt, s. Abb. 144. Eiserne, also magnetische Bleche, ziehen den Bogen an, begünstigen den Eintritt, doch läuft der Bogen auf Eisen schlechter als auf Kupfer. Die kurzen Teilbögen sind schon an und für sich schwerer beweglich.

Ein Beispiel für die Unterbringung eines langen Bogens auf kleinem Raum ist das in Abb. 145 schematisch dargestellte Nockenschalterelement, wie es für Krane und elektrische Fahrzeuge häufig angewendet wird. In die Lichtbogenkammer sind sogenannte Keile *1* aus Keramik eingesetzt, so daß sich der Lichtbogen um sie herumlegen muß. Auch hier erhöht der Wärmeentzug durch Berührung des Bogens mit den Keilen die Brennspannung. Das Blasfeld ist etwa in Fußpunktnähe am stärksten. Die beiden Schaltstücke sind untereinander gleich und, wie vielfach bei derlei Geräten, nach Abbrand an dem einen Flächenpaar durch Vertauschen weiter verwendbar.

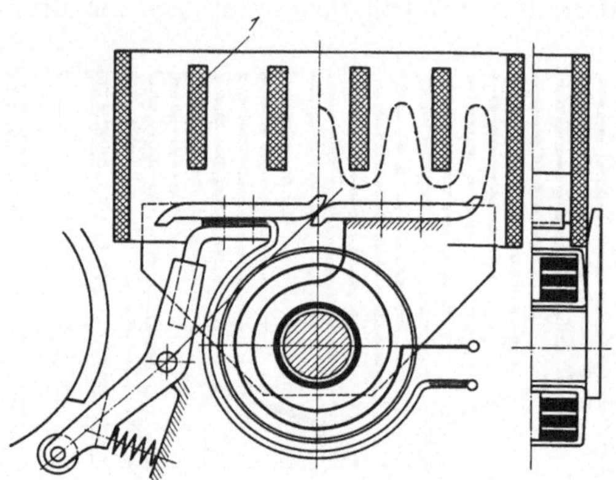

Abb. 145. Nockenschalterelement

Die Blasfeldstärke wird bei Nennstrom auf etwa 200 bis 400 Oerstedt bemessen. Bei der Bemessung von Kern und Blasblechen muß berücksichtigt werden, daß bei diesen Feldstärken der Gesamtfluß zwischen den Blasblechen relativ groß ist. Infolge Beeinflussung der freien Weglänge der Ladungsträger im Bogen erhöht die Anwesenheit eines Blasfeldes schon an sich die Brennspannung.

Sonst einwandfreie Gleichstromschalter machen oft bei kleinen Strömen Schwierigkeiten, weil sich infolge zu kleinen Antriebes der Bogen nicht aus dem Kontaktspalt wegbewegt und dort weiterbrennt.

## B. Wechselstrom

Beim Unterbrechen von Wechselstrom braucht kein Lichtbogen mit hoher Brennspannung gebildet werden, es genügt zu verhindern, daß nach einem der laufend erfolgenden Stromnulldurchgänge der Strom wieder entsteht. Bei einem Wechselstrombogen, der ja immer nur auf Augenblicke erlischt, ist infolge der Ionisierung durch die vorangegangene Aufheizung auch in Zeiten um den Stromnulldurchgang herum die Bogenstrecke leitend.

Dies kann durch Kühlung des Bogens, das Brennenlassen in gespanntem Gas oder in gespannter Luft, das Wegspülen der Ladungsträger mittels Druckluft usw. herabgesetzt werden, so daß nach Stromnulldurchgang der neu aufkommende Strom, Nachstrom genannt, klein bleibt und, weil dadurch die Aufheizung der Bogenstrecke nicht ausreicht, erlischt. Ist die Aufheizung aber doch zu hoch, kommt es zum Versagen des Schalters durch thermisches Wiederzünden. Es kann aber der Strom nach dem Nullwerden ganz ausbleiben, die Bogenstrecke ist nichtleitend geworden; sie kann beim Auftreten hoher Spannungen zwischen den Schaltstücken durchschlagen werden, und der Schalter versagt dann durch dielektrisches Wiederzünden. Einfach zu erklären ist die Höhe dieser Spannungen, wenn die Bogenspannung relativ klein und daher vernachlässigbar ist. Der eingeschwungene Zustand herrscht dann bis zum Stromnulldurchgang. In ihm wird der Momentanwert $E$ der Spannung der Stromquelle durch die Spannung der Selbstinduktion zu Null ergänzt. Die letztgenannte Spannung wird jedoch Null, wenn anschließend der Strom $I$ gleich Null *bleibt*, der Schalter also gelöscht hat, denn dann ist $L \cdot dI/dt = 0$. Es muß somit der Momentanwert der Generatorspannung zwischen den Schaltstücken erscheinen, welcher $E = \pm \hat{E} \sin \varphi$*) beträgt, wenn $\hat{E}$ der Scheitelwert und $\varphi$ der Nacheilwinkel des Stromes gegen die Spannung im eingeschwungenen Zustand ist. Der Schalter ist also um so stärker beansprucht, je relativ induktiver der Kreis ist. Infolge von Ladungserscheinungen erscheint glücklicherweise die Spannung $\pm \hat{E} \cdot \sin \varphi$ am Schalter nicht momentan, aber dafür leider etwa auf das Doppelte überschwingend, mit einer Kreisfrequenz $\omega_e$, welche den Eigenschwingungen des Stromkreises entspricht und nichts mit der Betriebsfrequenz zu tun hat. Die Größenordnung der Eigenfrequenzen liegt zwischen $10^2$ und $10^4$ Hz. Da die Spannungsfestigkeit zwischen den Schaltstücken von Null beim Stromnulldurchgang erst anwächst, hängt das Gelingen der Abschaltung sowohl vom Schalter (Anstieg der Festigkeit) als auch vom Stromkreis (Einschwingvorgang) ab (wobei aber der Einschwingvorgang wieder von Schaltereigenschaften beeinflußt wird). Im Falle eines Nachstromes ist die gegenseitige Beeinflussung von Schalter und Stromkreis bedeutend.

Mit Bezug auf Abb. 146a ist $E = E(t)$ die EMK der Stromquelle, abhängig von der Zeit $t$, $R$ der ohmsche Widerstand des Kreises, $L$ seine Induktivität. Um die Ladungserscheinungen bei raschen Spannungsänderungen zu berücksichtigen, müßte $L$ in Einzelinduktivitäten aufgeteilt und eine Reihe von Kapazitäten eingeführt werden; man begnügt sich fürs erste mit einer Induktivität und einer Kapazität. Der Wirklichkeit entspricht es besser, sie parallel zu $L$ zu legen, wie in Abb. 146a gezeichnet. Ändert sich $E(t)$ langsam im Verhältnis zu den Eigenschwingungen des Kreises, dann macht es praktisch nichts aus, wenn man, Abb. 146b, $C$

---

*) Vorzeichen entgegengesetzt jenem des Stromes vor dessen Nullwerden!

einfach parallel zum Schalter legt. Es ist dann zu unterscheiden zwischen Gesamtstrom $I$, Schalterstrom $I_b$ und dem Ladestrom $I_c$. Es ist

$$E(t) - L \cdot \dot{I} = U_b + R \cdot I;$$
$$I = I_b + I_c, \text{ daher } \dot{I} = \dot{I}_b + \dot{I}_c;$$
$$I_c = C \cdot \dot{U}_b, \text{ daher } \dot{I}_c = C \cdot \ddot{U}_b.$$

Setzt man in die Gleichung der ersten Zeile die Gleichungen der zweiten und anschließend die der dritten Zeile ein, erhält man mit

$$\omega_e{}^2 = \frac{1}{LC} \tag{1}$$

$$RI_b + L \dot{I}_b = E(t) - [U_b + RC \dot{U}_b + \ddot{U}_b / \omega_e{}^2]. \tag{2}$$

Zur Berechnung von $I_b = I_b(t)$ müßte $U_b = U_b(I_b, t)$ bekannt sein; soweit ist die Lichtbogentheorie aber noch nicht. Man hätte dann zu setzen

$$\dot{U}_b = \dot{I}_b \frac{\partial U_b}{\partial I_b} + \frac{\partial U_b}{\partial t}, \qquad \ddot{U}_b = \dot{I}_b{}^2 \frac{\partial^2 U_b}{\partial I_b{}^2} + \ddot{I}_b \frac{\partial U_b}{\partial I_b} + \frac{\partial^2 U_b}{\partial t^2}.$$

Für Wechselstrom der Kreisfrequenz $\omega$ ist $E = \hat{E} \cdot \sin \omega t$.

Gl. (2) kann, im Falle die Schaltstrecke nach dem Stromnulldurchgang nichtleitend wird, verwendet werden, um die einschwingende Spannung $U_e$ am Schalter zu berechnen; es ist einfach $I_b = \dot{I}_b = 0$ und $U_e$ statt $U_b$ zu setzen. Die Zeit $t$ wird ab Löschaugenblick gezählt. Hat in ihm die Spannung $E$ den Phasenwinkel $\psi$, ist $E = \hat{E} \cdot \sin(\psi + \omega t)$ und man bekommt $\frac{\ddot{U}_e}{\omega_e{}^2} + RC \dot{U}_e + U_e = \hat{E} \sin(\psi + \omega t)$. Der Einschwingvorgang verläuft so schnell, daß die rechte Seite als Konstante $\hat{E} \cdot \sin \psi$ gelten kann, wodurch die Differentialgleichung einer gedämpften Sinusschwingung um den Mittelwert $\hat{E} \cdot \sin \psi$ mit der Kreisfrequenz $\omega_e$ herauskommt: $\frac{\ddot{U}_e}{\omega_e{}^2} +$

$+ RC \dot{U}_e + U_e = \hat{E} \sin \psi$. Als die eine Anfangsbedingung ist $U_e$ gleich der Bogenspannung im Löschaugenblick, $U_{bl}$, zu setzen und als die zweite, daß $\dot{U}_e$ gleich der Tangentenneigung $\dot{U}_{bl}$ im Löschaugenblick ist, s. Abb. 147; da nämlich $I$ wegen der Induktivität nicht unstetig sein kann und $I_b$ dauernd gleich Null ist, kann auch $I_c = I - I_b = C \cdot \dot{U}_e$ nicht unstetig sein.

Beim Abschalten von Kurzschlußströmen sind der ohmsche Widerstand und die Bogenspannung vernachlässigbar, es ist dann $U_{bl} = \dot{U}_{bl} = 0$, $\psi = \pm \frac{\pi}{2}$. Beim Abschalten relativ kleiner induktiver Ströme, also von leerlaufenden Transformatoren durch Hochspannungs-Leistungsschalter, kann, je nach Schalterbauart, ein Lichtbogen mit hoher Löschspannungs-spitze $U_{bl}$ entstehen, wobei auch $\dot{U}_{bl}$ sehr hoch zu sein pflegt; dann gibt es (wiewohl der hohe Bogenwiderstand bewirkt, daß der Stromnulldurchgang früher eintritt und daher der Betrag von $\hat{E}\cdot\sin\psi$ vermindert ist) hohe Überspannungen mit Rückzündungen und Gefahr für die Transformatoren.

Die Verhältnisse sind komplizierter, wenn mehrere Induktivitäten mit mehreren Parallelkapazitäten den zu unterbrechenden Stromkreis kennzeichnen. Verhältnismäßig einfach ist es noch, wenn auf jeder Seite des Schalters nur *eine* Induktivität mit Parallelkapazität angenommen werden darf, wie in Abb. 146c gezeichnet, denn dann hat man zwei unabhängig verlaufende Einschwingvorgänge, deren Differenzspannung zwischen den Schaltstücken erscheint.

Man hat die Erfahrung gemacht, daß ein Schalter, der bei einem Kurzschluß an den Schalterklemmen, Schema Abb. 146a, löscht, bei einem Kurzschluß auf der Leitung in einigen km Abstand vom Schalter, Schema Abb. 146a, versagen kann, obwohl im zweiten Fall der Kurzschlußstrom geringer ist. Die gleichmäßige Verteilung von Induktivität und Kapazität auf der Leitung begründet offenbar das abweichende Verhalten derselben. Das zeigt die Untersuchung des folgenden Ausgleichsvorgangs auf einer Leitung der Länge $l$, ohne Ohmschen Widerstand und mit dem Wellenwiderstand $Z$, Abb. 148. Das Leiterende $K$ ist kurzgeschlossen. Im eingeschwungenen Zustand (erzwungene Schwingung) sind die Spannung $U$ und der Strom $I$ auf der Leitung sinusförmig verteilt, erstere mit einem

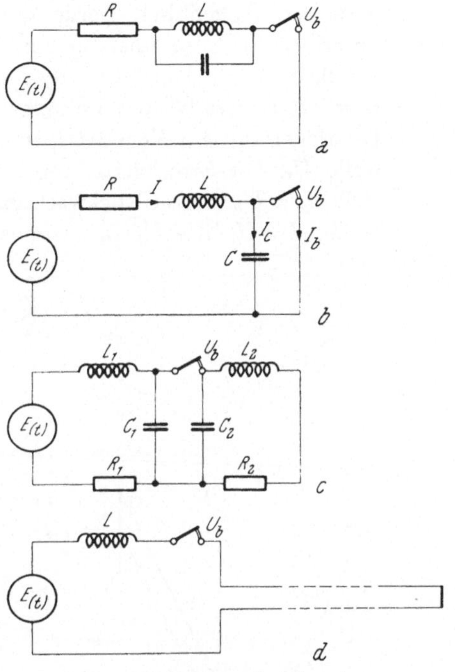

Abb. 146. Zu unterbrechende Stromkreise

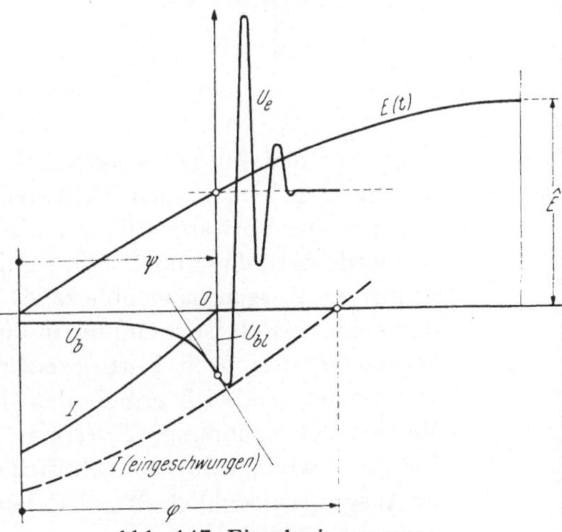

Abb. 147. Einschwingvorgang

Knoten, letzterer mit einem Bauch in $K$. Praktisch ist selbst bei langen Leitungen die Verteilung linear, wie in Abb. 148a gezeichnet. Im dargestellten Augenblick werde der Strom am Leitungsende $A$ plötzlich unterbrochen, also unstetig auf Null gebracht. Bei einer konzentrierten Induktivität mit konzentrierter Parallelkapazität wäre das physikalisch unmöglich, anders bei der Leitung! Die Spannungsverteilung auf ihr ist die Überlagerung von Vorwärtsspannungswelle $U_v$ und Rückwärtsspannungswelle $U_r$. Die Stromverteilung ist die Überlagerung von Vorwärtsstromwelle $I_v = U_v/Z$ und Rückwärtsstromwelle $I_r = -U_r/Z$. Also ist $U = U_v + U_r$, $I = U_v/Z - U_r/Z$, woraus $U_v = (U + Z \cdot I)/2$, $U_r = (U - Z \cdot I)/2$

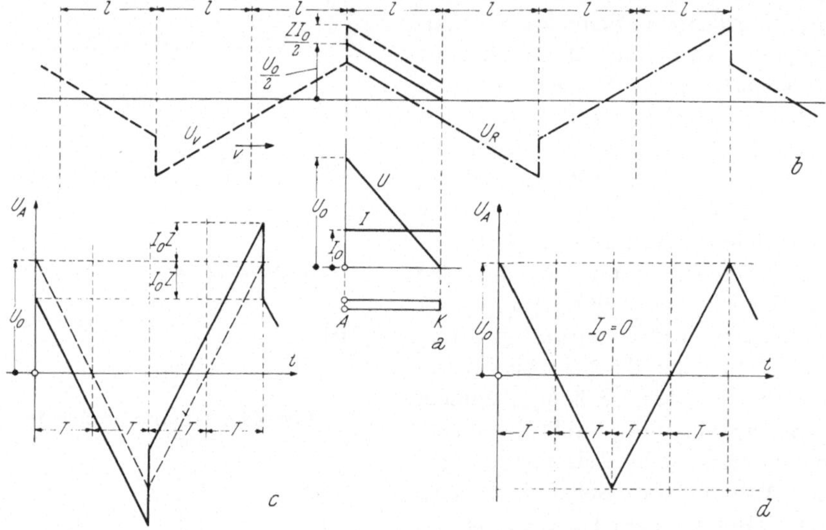

Abb. 148. Ausgleichsvorgang auf einer Leitung

folgt. Für den Ausgangsaugenblick sind die daraus folgenden, bereits auf der Leitung befindlichen Wellenteile berechnet und in Abb. 148b eingezeichnet, die Vorwärtswelle strichliert, die Rückwärtswelle strichpunktiert. Am Ende $K$ ist dauernd $U = 0$, somit $U_v = -U_r$. Am Ende $A$ ist, mit Ausnahme des Ausgangsaugenblicks, dauernd $I = 0$, somit $U_v = U_r$. Man sieht, daß beides erfüllt ist, wenn die in die Leitung von $K$ bzw. $A$ eindringenden Wellenzüge die in Abb. 148b gezeichnete Form haben. Ihr Zusammenwirken am Leitungsende $A$ ergibt den in Abb. 148c gezeichneten zeitlichen Verlauf der Spannung. $T = l/c$ ist die Zeit, welche die Wellen bei der Laufgeschwindigkeit $c$ zum Zurücklegen von $l$ brauchen. War die Leitung im Ausgangsaugenblick stromlos, dann verschwinden die Spannungssprünge und der zeitliche Spannungsverlauf in $A$ ist durch eine Zickzacklinie dargestellt; er zeigt sehr schnelle Anstiege und Abfälle. $\dfrac{\mathrm{d}U_A}{\mathrm{d}t}$ ist von der Leitungslänge unabhängig.

Beim Abschalten einer leerlaufenden Leitung bleibt der Strom nach dem natürlichen Nulldurchgang selbst bei noch kleiner Kontaktöffnung des Schalters erloschen, denn die Spannung $U_l$ der Leitung gegen Erde (Sternpunkt) bleibt, s. Abb. 149, bestehen, während die des anderen Schalterpols, $U_g$, sich relativ langsam, betriebsfrequent, ändert. Es ist offenbar $U_l = \pm\hat{E}$. Da die erste Stromunterbrechung bei noch kleiner Kontaktöffnung erfolgte, Punkt $A_1$, kommt es leicht zu einer Rückzündung, Punkt $R_1$. Leitung und speisende Anlage bekommen dadurch nach einer

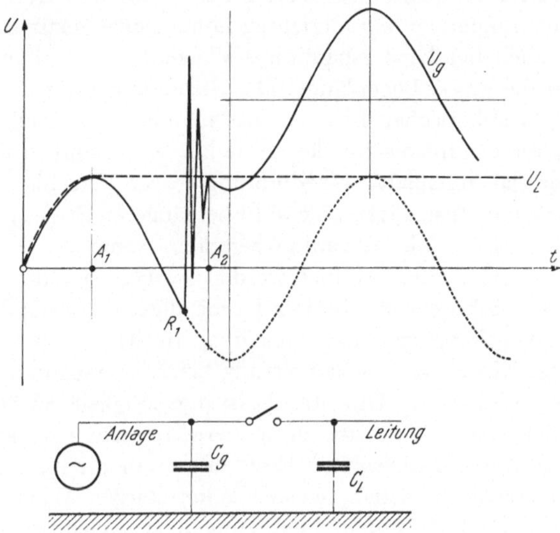


Abb. 149. Spannungen beim Abschalten leerlaufender Leitungen

Ausgleichsschwingung eine gemeinsame Spannung $U$ gegen Erde, welche sich aus den Kapazitäten $C_l$ bzw. $C_g$ der beiden Teile und ihren Spannungen $U_l$ bzw. $U_g$ vor dem Ausgleich berechnet, in welchem Zustand ihre Ladungen $Q_l$ bzw. $Q_g$ waren.

$$U = \frac{Q_l + Q_g}{C_l + C_g} = \frac{U_l C_l + U_g C_g}{C_l + C_g} = U_l \left(1 + \frac{U_g}{U_l} \cdot \frac{C_g}{C_l}\right) \Big/ \left(1 + \frac{C_g}{C_l}\right).$$

Bei einer langen Leitung ist $C_g/C_l$ klein, daher ändert sich das Potential der Leitung gegen Erde (Sternpunkt) durch Rückzündungen praktisch nicht, es bleibt $\pm\hat{E}$. Nach dem Ausgleichsvorgang kommt es zur zweiten Stromunterbrechung durch den Schalter, Punkt $A_2$, und damit zur neuerlichen Spannungsbildung zwischen den Schaltstücken mit der Möglichkeit einer weiteren Rückzündung. Man erkennt aus Abb. 149 leicht, daß sich maximal $U_g = \pm 3E$ ergeben kann.

Das Abschalten laufender Synchronmaschinen, aber auch von Asynchronmaschinen von einem Netz kann eine erleichterte Schaltaufgabe sein. Von diesen Fällen abgesehen, wird nach dem Gesagten als Maß für die Schaltleistung in Analogie zu Gl. 6 A (4) $I_0 \cdot \hat{E} \cdot \sin\varphi$, bequemer aber die proportionale Größe $P_s = I_0 \cdot E_{eff} \cdot \sin\varphi$ gesetzt. Bei Abschaltung eines Kurzschlusses ist $\sin\varphi = 1$.

Ein spezifisches Wechselstromschaltgerät ist weniger aufwendig als ein Gleichstromschaltgerät für die gleiche Schaltleistung.

Die meisten Niederspannungs-Schaltgeräte schalten in Luft. Die Mittel, die bei Gleichstromgeräten zur Erzielung hoher Schaltleistung angewendet werden, sind auch bei Niederspannungs-Wechselstromgeräten vorteilhaft, ausgenommen die große Bogenlänge. Die Spannungsfestigkeit von Bogenstrecken in atmosphärischer Luft wächst nämlich von Null beim Nullwerden des Stromes um so schneller an, je kürzer sie sind (wobei auch das Elektrodenmaterial mitspielt; Oxydbildung wirkt verschlechternd); der Endwert der Spannungsfestigkeit ist wohl bei längeren Strecken größer, auf ihn kommt es aber bei Niederspannungsgeräten wenig an. Hier sollen nur kurze Bögen, 4 bis 7 mm, gebildet werden, wobei aber die rasche Fußpunktwanderung sehr erwünscht ist. Unter diesen Umständen sind die Mehrfachunterbrechung (praktisch maximal 4fach) und die Löschbleche die wirksamsten Mittel, hohe Schaltleistung bei Niederspannungs-Wechselstromgeräten zu erzielen. Um die Leistungsfähigkeit zusätzlich durch rasches Wandern der Fußpunkte zu steigern, braucht man kräftige Blasfelder. Die von ihnen durchsetzten Eisenteile müssen dann lamelliert sein oder doch Querschnitte haben, welche keine starken Wirbelströme aufkommen lassen: flache Formen, Schlitzung usw. Schaltgeräte für Kurzschlußläufermotoren, also auch Schütze, müssen den hohen Stillstandsstrom dieser Maschinen, der außerdem bei $\sin\varphi \doteq 1$ auftritt, ausschalten können, weil damit zu rechnen ist, daß der Motor nicht weggezogen hat oder absichtlich nur eine kurze Bewegung machen sollte („Tippschaltung").

Die meisten der heutigen Hochspannungs-Leistungsschalter sind entweder Ölschalter, ölarme Schalter oder Druckluftschalter.

Ein in Öl, einem Gemisch von Kohlenwasserstoffen, gezogener Bogen zersetzt dieses, wodurch Ruß und Wasserstoff entstehen. Dieser Vorgang bindet Wärme, außerdem ist Wasserstoff ($H_2$) das wärmeleitendste aller Gase, so daß der Bogen weit besser als in Luft gekühlt wird. Auch durch die höhere Diffusionsfähigkeit von $H_2$ entionisiert die Bogenstrecke schneller. Die etwas geringere Spannungsfestigkeit von $H_2$ kann durch Entstehen höheren Druckes in der Löschkammer ausgeglichen werden.

Anfänglich hatte man bei Ölschaltern weder Löschkammern noch druckfeste Ölkessel. Explosionen und Ölbrände führten zu druckfesten Kesseln, womit eine Erhöhung der Schaltleistung möglich war. Durch die Löschkammern soll eine große Drucksteigerung ohne Gefahr ermöglicht und die

Kühlung des Bogens durch strömenden Wasserstoff erzielt werden. Abb. 150 zeigt schematisch einen Ölschalter. In Europa sind, anders in den USA, alle drei Phasen in einem Ölkessel *1* unter-
gebracht. Er ist zu Revisionszwecken absenkbar. Die Durchführungen *2* tragen die Löschkammern *3*, in deren Innern die Festschaltstücke (meist Kontakttulpen) sitzen. Zwei stift- oder messerartige bewegliche Schaltstücke *4* je Phase sind leitend durch die Traverse *5* miteinander verbunden. Die Teile *5* sitzen auf der gerade-geführten Isoliertraverse *6*, die durch zwei Kurbeltriebe auf- und ab-bewegt wird. Man hat somit Doppel-unterbrechung. Abb. 151 a zeigt sche-matisch eine Löschkammer mit Längs-strömung. Im leitenden Boden *1* der Kammer *2* aus Isolierstoff sitzt die Kontakttulpe *3*. Der Schaltstift *4*

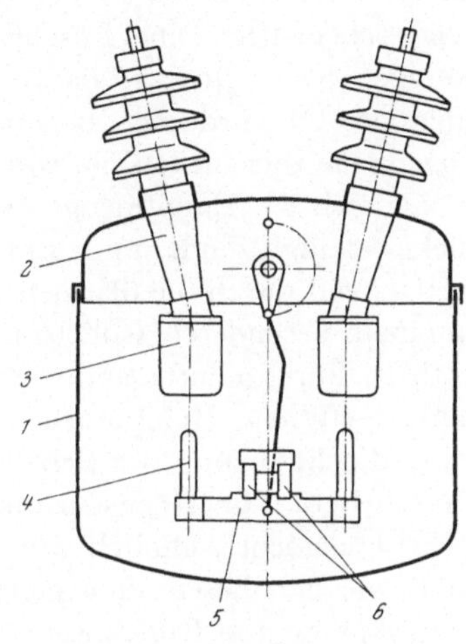

Abb. 150. Ölschalter

passiert die Öffnung von *2* mit nur wenig Spiel. Sie ist daher zunächst (linke Hälfte der Abbildung) beim Ausschalten verschlossen, der durch

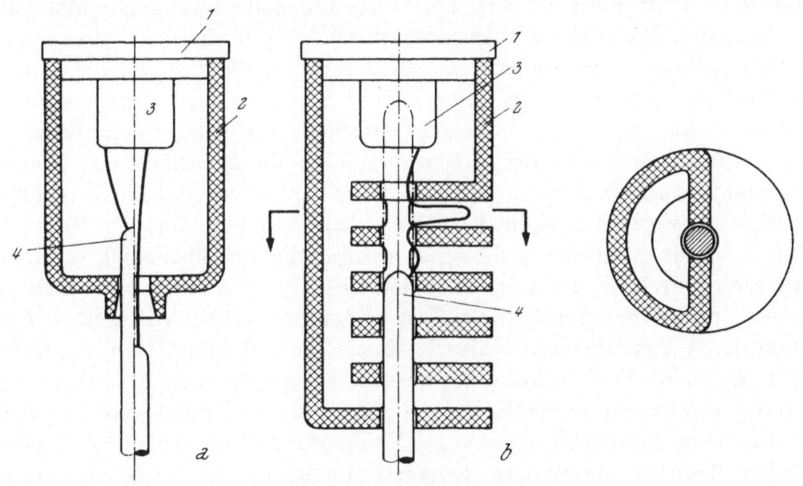

Abb. 151. Löschkammern

die Lichtbogenwärme entwickelte Wasserstoff steht unter hohem Druck (bis gegen 100 at), die Brennspannung ist dadurch relativ hoch. Nachdem der Schaltstift aus der Löschkammer getreten ist (rechte Hälfte der Abbildung), wird der Bogen durch den ausströmenden Wasserstoff gekühlt und die Bogenstrecke um den Stromnulldurchgang herum rasch entionisiert. Auch dabei steht der Wasserstoff unter höherem Druck. Abb. 151b zeigt schematisch eine Löschkammer mit Querströmung. Hier entstehen weniger hohe Drücke, dafür setzt die kühlende Strömung früher ein (flüssiges Öl würde den Bogen noch besser kühlen als $H_2$, aber in Lichtbogennähe zersetzt es sich, was ebenfalls Wärme bindet).

Da sich die Hauptmenge des Öls im Ölschalter an dem Löschvorgang nicht beteiligt, sondern nur Brandgefahr bedeutet, sind die Ölschalter heute weitgehend durch die ölarmen Schalter verdrängt. Bei ihnen ist jede Phase in einem besonderen Isolierrohr untergebracht, welches die Löschkammer enthält. Für Freiluftausführung ist das Isolierrohr noch von einem, ebenfalls ölgefüllten, Hohlporzellan umgeben. Die Unterbrechung ist nur einfach, die Bewegung des Schaltstiftes vertikal, meist nach abwärts für das Einschalten. Für Höchstspannungen wurden in der letzten Zeit ölarme Schalterelemente, ähnlich wie bei Druckluftschaltern, in Reihe geschaltet und, wie bei diesen, eine gleichmäßige Aufteilung der Spannung durch Widerstände und Kondensatoren herbeigeführt.

Die Löschkammern der ölarmen Schalter haben manche Verfeinerung erfahren; z. B. arbeitet die in Abb. 152 schematisch dargestellte, sogenannte Druckausgleichskammer, mit einem bewegten Kolben. *1* ist die Kontakttulpe, *2* der Schaltstift, *3* der feststehende Löschkammerteil, der vom Isolierrohr *4* umgeben ist. *5* ist ein Differentialkolben aus Isoliermaterial, welcher durch die Feder *6* nach jeder Abschaltung in die links gezeichnete Stellung gebracht wird. Bei der Ausschaltbewegung folgt dem Schaltstift *2* der Kolben *5* infolge des in Raum *A* und *B* entstandenen Druckes nach, und zwar so, daß zwischen beiden ein Spalt verbleibt, durch welchen Wasserstoff strömt und der Bogen besonders in der Nähe des oberen Fußpunktes gekühlt wird, s. die rechte Seite der Abbildung. Ein Verschluß des Spaltes würde den Kolben vorübergehend stoppen, denn im Raum *B* wäre dann nur unzersetztes, flüssiges, unzusammendrückbares Öl, von dem nur wenig durch die Bohrung im Schaltstift nach Raum *C* strömen kann. In der Endlage des Schaltstiftes *2* ist er ganz außerhalb von Teil *3*. Das durch die Aufwärtsbewegung des Kolbens in den Raum *C* verdrängte Öl fließt wieder in die Löschkammer zurück. Beim Löschvorgang vergrößert sich hier infolge der Kolbenbewegung der Inhalt der Löschkammer stärker als das vom Schaltstift freigelegte Volumen, die entstehenden Drücke werden dadurch vermindert, trotzdem bleibt die kühlende Strömung wirksam.

Bei den Öl- und den ölarmen Schaltern schafft der Lichtbogen selbst die zu seiner Löschung nötige Energie; trotz dieser Anpassung gibt es, je nach der Bauart des Schalters, kritische Strombereiche, gekennzeichnet dadurch, daß bis zur Löschung mehr Halbwellen vergehen als sonst, was den Abbrand der Schaltstücke, die Verrußung des Öls und die Beanspruchung der Kammer steigert. Man wendet dagegen eigene vom Antrieb aus bewegte Ölpumpen an.

Beim Druckluftschalter brennt der Lichtbogen in durch eine Düse strömender Luft, wobei meist Strömung und Lichtbogen parallel gerichtet sind. Für die Löschung ist nicht so sehr der Kühleffekt ausschlaggebend, als daß die Ladungsträger nach dem Stromnulldurchgang aus dem Bereich, wo der Bogen brannte, fortgeblasen und verdünnt werden; bei einem

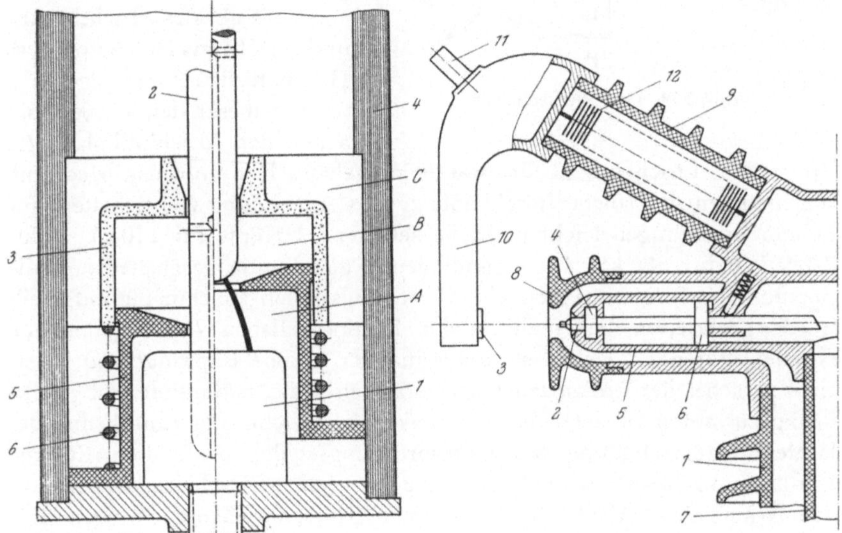

Abb. 152. Druckausgleichs-Löschkammer     Abb. 153. Druckluftschalter

kürzeren Bogen sind weniger Ladungsträger fortzuschaffen als bei einem längeren. Auch in der strömenden Luft soll ein erhöhter Druck herrschen, weil damit eine höhere Spannungsfestigkeit verbunden ist. Des Luftverbrauches wegen darf das Blasen nur wenige Halbwellen lang dauern. Bei der einen Hauptgruppe von Druckluftschaltern fließt die Luft hinter dem Schalter frei ab, das Blasen wird dadurch beendet, daß das zwischen Düse und Druckluftbehälter liegende Blasventil wieder geschlossen wird; nachher ist also die Trennstrecke in atmosphärischer Luft und muß demgemäß groß sein, um die vorgeschriebene Prüfspannung, die ja entsprechend den Betriebserfordernissen festgesetzt ist, auszuhalten. Dafür kann hier die Trennstrecke von außen sichtbar gemacht werden, wenn man die Anordnung (*AEG*) nach Abb. 153 trifft. Sie zeigt schematisch einen zwei Unterbrechungsstellen in Reihe enthaltenden sogenannten Löschkopf. Er wird von dem Hohlisolator *1* getragen, durch den die Luft für das Blasen und zugleich die Ausschaltbewegung des Schaltstiftes *2* geleitet wird. *3* ist der feste Gegenkontakt, *4* die Stromzuführung zum Schaltstift; auf ihm sitzt der im Zylinder *5* gleitende Kolben *6*, der beim Ausschalten von außen, beim Einschalten von innen mit Druckluft beaufschlagt wird, bei gleichzeitiger Entlüftung der entgegengesetzten Zylinderseite. Die Luft zum Einschalten wird durch das Isolierrohr *7* geleitet. Die Düse *8* umgibt einen Teil des Lichtbogens und besteht aus Isolierstoff. Das Hohlporzellan *9* trägt den Arm *10* und dieser den Festkontakt *3* und den Anschlußbolzen *11*.

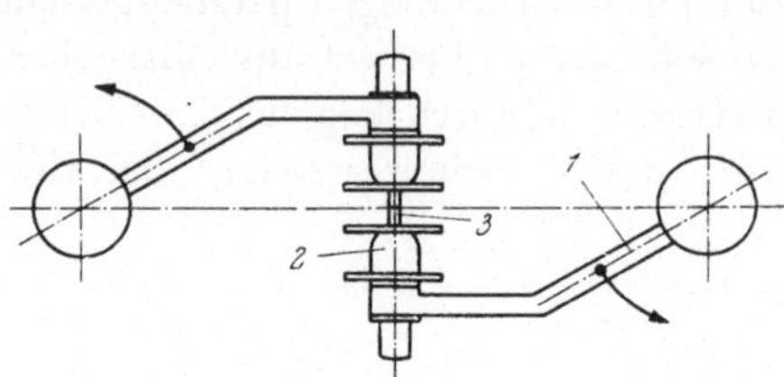

Abb. 154. Druckluftschalter

Ein solcher Löschkopf ist für etwa 60 kV gebaut. Der einfachen Mechanik wegen lassen sich solche Löschköpfe zwecks Ausbildung von Schaltern für höhere Spannungen leicht in Reihe schalten: 2 Köpfe für 110 kV, 4 für 220 kV, 6 für 380 kV. Dabei muß genau gleichzeitig geschaltet und die Spannung auf die einzelnen Unterbrechungsstellen gleichmäßig aufgeteilt werden; letzterem dienen die in den Hohlporzellanen *9* untergebrachten Kondensatoren *12*. Haben sie untereinander gleiche Kapazität und ist sie ein Vielfaches der Erdkapazität der einzelnen Teile, deren Potential gleichmäßig zu stufen ist, dann ist dies praktisch erreicht. Vor Einführung der Hintereinanderschaltung von Unterbrechungsstellen baute die AEG die 110-kV- und 220-kV-Druckluftschalter mit zwei auf Drehisolatoren sitzenden Armen *1*, s. Abb. 154, die je einen Einfachlöschkopf *2* tragen. Die Schaltstifte *3* der Köpfe machen gegenseitig Kontakt und haben relativ kleinen Hub. Sie werden hier nicht durch Druckluft nach vorn getrieben, sondern durch Federkraft und entgegen dieser durch die Blasluft nach rückwärts. Mit dem Blasluftstoß und dem vorübergehenden Zurückziehen der Schaltstifte beginnen die Arme eine gleichsinnige Drehung um 90° und schaffen so eine große, deutlich sichtbare Trennstrecke.

Bei der anderen Hauptgruppe von Druckluftschaltern, z. B. denen von BBC, liegt die Trennstrecke auch nach dem Löschen in gespannter Luft, darf also bedeutend kürzer, kann aber nicht von außen sichtbar sein. Daß der Schalter in offenem Zustand unter Druck steht, wird so erreicht, daß dabei die Verbindung mit dem Druckluftbehälter bestehenbleibt und das Blasen in der Weise beendet wird, daß die Schaltbewegung am Ende eine hinter der Löschdüse gelegene Abströmöffnung verschließt. Die Düse kann hier das eine Schaltstück bilden (keine Isolierdüse), das andere ist dann ein die Düsenöffnung ventilartig (nicht dichtend) verschließender, axial bewegter Teil. Abb. 155 zeigt schematisch die vom Hohlisolator *1*, der der Druckluftzufuhr dient, getragene Kammer *2*, in der isoliert das Festschaltstück *3* befestigt ist. Der Gegenkontakt wird durch die axial bewegliche Düse *4* gebildet, die bei *5* die Stromzufuhr hat. Ist die Kammer drucklos, obere Hälfte der Abbildung, schließt die Feder *6* den Kontakt. Mit der Düse ist der Kolben *7* verbunden, der in Kammer *2* läuft. Wird zwecks Ausschaltens Kammer *2* mit dem Druckluftbehälter verbunden, wirkt auf die Düse infolge der Verengung des Strömungsquerschnitts durch die Löcher *8* eine Kraft, welche die Federkraft überwindet. Die Düse bewegt sich dabei nach rechts, untere Hälfte der Abbildung, öffnet der Luft den Durchfluß, bis am Ende der Bewegung die Öffnung *9* verschlossen wird, wobei ein kräftiger Dichtungsdruck entsteht, s. die Teilabbildung. Auch

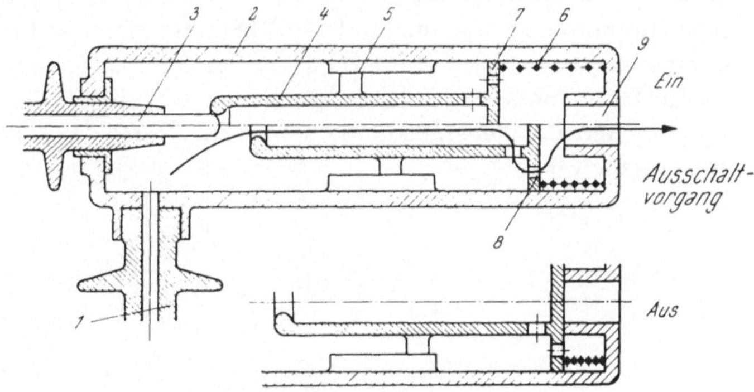


Abb. 155. Druckluftschalter

bei dieser Art von Druckluftschaltern werden entsprechend der Spannung mehrere Elemente hintereinandergeschaltet und wird diese durch Kondensatoren auf die einzelnen Schaltstrecken gleichmäßig aufgeteilt. Man ordnet außerdem vielfach zu den Schaltstrecken Parallelwiderstände an; der durch sie fließende geringfügige Strom muß durch Hilfsschalter abgeschaltet werden. Die Parallelwiderstände verkleinern die Schaltüberspannungen und die zeitliche Steilheit der einschwingenden Spannung.

Die Strömung in einem Druckluftschalter ist weder adiabatisch noch stationär; letzterem entsprechend können Druck- und Geschwindigkeitsschwankungen auftreten, die den Löschvorgang beeinträchtigen. Höhe und Dauer dieser Schwankungen sind um so kleiner, je kürzer der Luftweg zwischen Druckluftspeicher und Düse ist. Dies war einer der Gründe für den Bau von „Druckkammerschaltern" (ASEA, V & H), bei denen der Schalter immer unter Druck steht, wobei der Inhalt der vom Hohlisolator getragenen Kammer den Luftbedarf für eine Ausschaltung bei nur kleinem Druckabfall deckt. Beim Schalten auf Kurzschluß hat der Druckkammerschalter den Vorteil, daß der Überschlag zwischen den Schaltstücken erst bei einer kleineren Entfernung derselben einsetzt, der entstehende Bogen die

Schaltstücke also weniger lang aufheizt und so die Gefahr des Verschweißens herabgesetzt ist.

Der Betriebsdruck der verschiedenen Druckluftschalter-Bauarten liegt um 15 at herum. Der Druckluftschalter für hohe Spannungen ist so aufgebaut, daß für jede Phase ein Druckluftbehälter vorhanden ist, der den Sockel für die Hohlisolatoren abgibt, welche je einen zwei Unterbrechungsstellen enthaltenden Schaltkopf tragen. In einem solchen sind auch die Kondensatoren für die Spannungssteuerung, eventuell auch die Parallelwiderstände samt Hilfsschaltern untergebracht. Der Spannung entsprechend ist eine Anzahl von Schaltköpfen je Phase in Reihe geschaltet.

Die Gefahr, daß Druckluftschalter kleine Ströme, etwa Leerlaufströme von Transformatoren, extrem schnell auf Null herabmindern und so hohe Überspannungen erzeugen, ist dadurch begrenzt, daß ein stromschwacher Bogen kleineren Durchmesser und damit auch kleinere Kühloberfläche hat. Die oft angewendeten Parallelwiderstände setzen die Gefahr hoher Überspannungen zusätzlich herab.